UNTERSUCHUNGEN

ÜBER DAS

ALLGEMEINE VERHALTEN DES GESCHWINDIGKEITSKOEFFIZIENTEN VON DAMPFTURBINENELEMENTEN (DÜSEN, LEITAPPARATE UND LAUFSCHAUFELN) BEI VERSCHIEDENEN BETRIEBSBEDINGUNGEN MIT BESONDERER BERÜCKSICHTIGUNG VON AUSFÜHRUNGEN DES PRAKTISCHEN DAMPFTURBINENBAUES.

DISSERTATION

ZUR

ERLANGUNG DER WÜRDE EINES DOKTOR-INGENIEURS

DER

KÖNIGLICHEN TECHNISCHEN HOCHSCHULE ZU BERLIN

VORGELEGT AM 20. JUNI 1911

VON

DIPL.-ING. PAUL CHRISTLEIN

AUS NÜRNBERG.

GENEHMIGT AM 6. JULI 1911.

REFERENT: PROFESSOR J. STUMPF.
KORREFERENT: PROFESSOR E. JOSSE.

———————•◇◇•———————

DRUCK VON R. OLDENBOURG IN MÜNCHEN
1911

Inhaltsverzeichnis.

Einleitung.

Der mächtige Aufschwung des Dampfturbinenbaues innerhalb der letzten zehn Jahre und die stets zunehmende Einführung derselben auf allen Gebieten sind ein schlagendes Beispiel für die Entwicklung der „modernen Technik", die in erster Linie sich frei macht von der reinen Empirie und sich aufbaut auf zielbewußte wissenschaftliche Forschung. Der Dampfturbinenbau im allgemeinen scheint auch schon auf dem Höhepunkt seiner Entwicklung angekommen zu sein, und nach den Ansichten bekannter Autoritäten sind wesentliche Neuerungen bezüglich des inneren Aufbaues dieser eigenartigen Maschine nicht mehr zu erwarten. Ferner haben sich bekanntlich die einzelnen gebräuchlichsten Dampfturbinensysteme nach ganz gleichen Gesichtspunkten entwickelt, und weichen jetzt nur noch in der konstruktiven Ausbildung voneinander ab.

Anderseits aber ist gerade in der letzten Zeit ausdrücklich darauf hingewiesen worden, daß man über die eigentlichen Verluste in den einzelnen Dampfturbinenelementen, die doch die Grundlagen für die Dimensionierung dieser Maschine bilden, noch recht mangelhaft unterrichtet ist. Man ist noch nicht einmal einig bezüglich der Beantwortung der einfachen Frage: Nehmen die Verluste mit der Geschwindigkeit zu oder ab? Je nach den Versuchsgrundlagen und nach den mehr oder minder subjektiven Annahmen der einzelnen Experimentatoren sind bis in die neueste Zeit immer wieder gegenteilige Ansichten aufgetaucht. Man kann in der Hauptsache in zwei Gruppen unterscheiden, je nach der Art der Auffassung der Aufgabe über die Strömungserscheinungen von elastischen Medien, nämlich:

1. Die rein mathematisch-physikalische Richtung zum Nachweis der Richtigkeit der Theorie auf Grundlage der Gleichungen von de St. Venant und Wantzel;

2. die mehr praktische Richtung, für welche nur das Endergebnis bei der Energieumsetzung eines elastischen Mediums maßgebend war zur Beurteilung der auftretenden Verluste zwecks Anwendung auf den praktischen Dampfturbinenbau.

Trotz der großen Zahl der Forscher und Praktiker sind aber obige Verhältnisse noch immer nicht geklärt, und die Notwendigkeit für eine weitere Betätigung in diesem Gebiet war gegeben. In der Folge hat sich auch Herr Professor Josse, Vorsteher des Maschinenlaboratoriums der Technischen Hochschule Berlin, diesem Gebiete zugewandt, und es wurde auf seine Veranlassung und nach seinen Angaben eine besondere Versuchseinrichtung geschaffen, die vom Verfasser zum ersten Male benutzt und weiter ausgebaut wurde, um über die schwebenden Fragen und vor allem, wie sie den praktischen Dampfturbinenbau wohl am meisten interessieren, weitere Aufklärungen zu bringen. Die Versuche selbst wurden nun in großem Maßstab in den Jahren 1909 bis 1911 durchgeführt, wobei bedeutende Dampfturbinen-Firmen lebhaftes Interesse hierfür zeigten und insbesondere durch reichliche Zuwendung von Versuchsmaterial den Fortgang der Versuche unterstützten.

Für die freundliche Überlassung von Material danke ich den verehrlichen Direktionen der Turbinenfabrik der Allgemeinen Elektrizitäts-Gesellschaft Berlin, der Bergmann - Elektrizitätswerke, Akt.-Ges., Berlin, und der Firma Friedrich Krupp, Akt.-Ges., Germania-Werft Kiel-Gaarden und hierbei noch den Herren, die sich persönlich für die Versuche interessierten und die Beschaffung des Materials unterstützten, und zwar Herrn Direktor O. Lasche, Herrn Oberingenieur Kieser und meinen früheren Chefs, Herrn Oberingenieur Ph. Reuter und weiland Herrn Direktor Hans Richter.

Insbesondere danke ich auch für die freundliche Beihilfe bei Beschaffung des Materials und für verschiedene Anregungen Herrn Professor Stumpf, der schon in seinen Vorlesungen über Dampfturbinen eingehend auf die bestehenden Widersprüche und auf die Notwendigkeit von Versuchen zur Ermittelung der Verluste in Leitvorrichtungen usw. hinwies und durch seine Ausführungen lebhaftes Interesse in den Kreisen seiner Hörer wachgerufen hat.

Zur ganz besonderen Ehre gereicht es dem Verfasser, Herrn Professor Josse bestens zu danken für die Überlassung der Versuchseinrichtung, für die tatkräftige Unterstützung bei Vorbereitung und Ausführung der Versuche und das rege Interesse, das er in allen Stadien diesen Forschungen zuwandte, wie er es ferner überhaupt ermöglichte, die Versuche in so großem Umfange auszuführen.

Auch sei hiermit für viele Ratschläge bei Versuchsausführung usw. Herrn Betriebsingenieur Dr.-Ing. Hanszel und Herrn Konstruktionsingenieur Dr.-Ing. Gensecke bestens gedankt, sowie Herrn Dipl.-Ing. Karl Werner und Herrn Ingenieur E. Wagner für Beihilfe bei Auswertung des umfangreichen Zahlenmaterials und Herstellung der Zeichnungen.

I.

Untersuchungen an Leitvorrichtungen.

1. Grundlagen für Durchführung der Versuche zur Bestimmung des Geschwindigkeitskoeffizienten φ.

Dieselben sind ja allgemein bekannt und sollen hier nur kurz wiederholt werden. Beim Ausströmen einer Flüssigkeit tritt der sog. Reaktionsdruck auf, dessen Richtung gewöhnlich mit der Richtung des austreten-

$w =$ tatsächlich erreichte mittlere Austrittsgeschwindigkeit in m/sek, welche in dem Strahlquerschnitt vorhanden ist, wo ein vollständiger Ausgleich der Pressung im Strahle mit der Pressung im Gegenraum eben erfolgt ist.

Ist nun die Düse oder der Leitapparat an einem Wagebalken angeordnet, so kann der Reaktionsdruck R

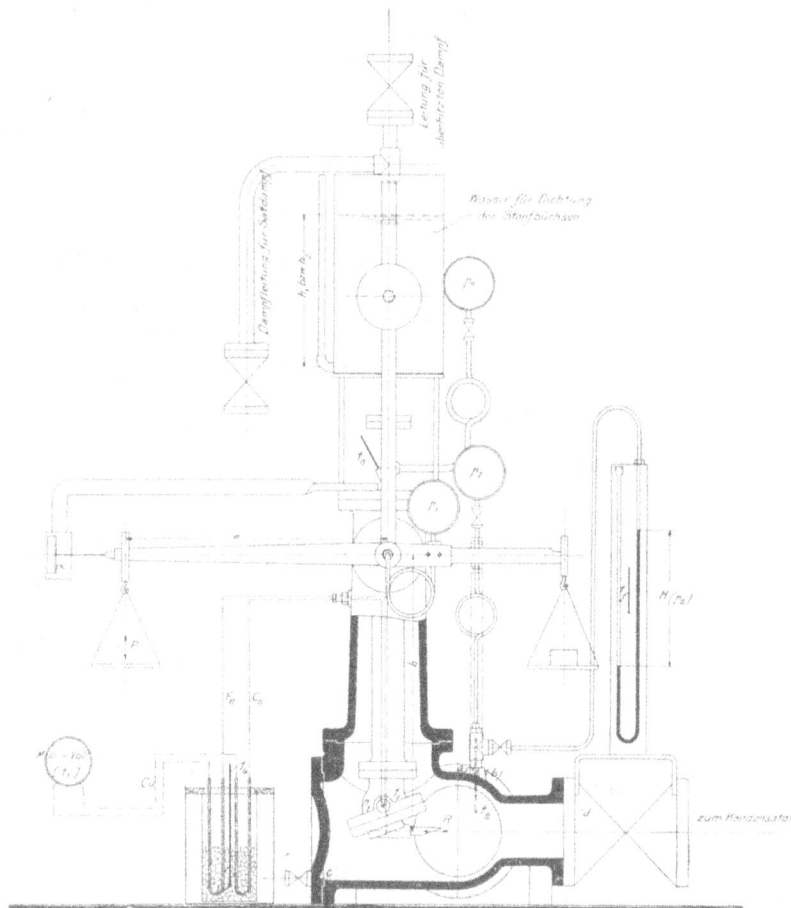

Fig. 1.

den Flüssigkeitsstrahles zusammenfällt. Es besteht dabei folgende Beziehung:

$$R = \frac{G}{g} \cdot w \ldots \ldots \ldots (1)$$

hierbei bezeichnet

$R =$ Reaktionsdruck in kg,
$G =$ Gewicht des austretenden Mediums kg/sek,
$g = 9{,}81$ m/sek² Erdbeschleunigung,

durch Gewichtsbelastung P in einer Wagschale gemessen werden, also

$$R = \frac{a}{b} \cdot P \ldots \ldots \ldots (2)$$

wobei $\frac{a}{b} =$ Verhältnis der Hebelarme der Wage bedeutet.

Gleichung (1) ist nun gültig für Flüssigkeiten beliebiger Art, wobei aber für elastische Flüssigkeiten (Gase, Dämpfe usw.) infolge der auftretenden und längst nachgewiesenen Schwingungserscheinungen bei Über-schallgeschwindigkeit noch bestimmte Bedingungen er-füllt sein müssen, um diese Art des Meßverfahrens über-haupt allgemein gebrauchen zu können. Hierauf wird noch gelegentlich der weiteren Erörterung der Versuchs-einrichtungen eingegangen werden.

Für den Fall, daß die Richtung des austretenden Flüssigkeitsstrahles nicht mit der geometrischen Achse der Leitvorrichtung zusammenfällt, würde sich aus Gleichung (1) und (2) nicht die wirkliche Geschwindig-

wobei

$i_1 =$ Wärmeinhalt des Dampfes vor Eintritt in die Leitvorrichtung,

$i_2 =$ Wärmeinhalt nach erfolgter reibungsfreier adiabatischer Expansion bis auf den Gegen-druck p_2.

Solange es sich um trocken gesättigten oder über-hitzten Dampf handelt, ist i_1 aus Druck p_1 und Tem-peratur t_1 vor der Leitvorrichtung vollständig bestimmt.

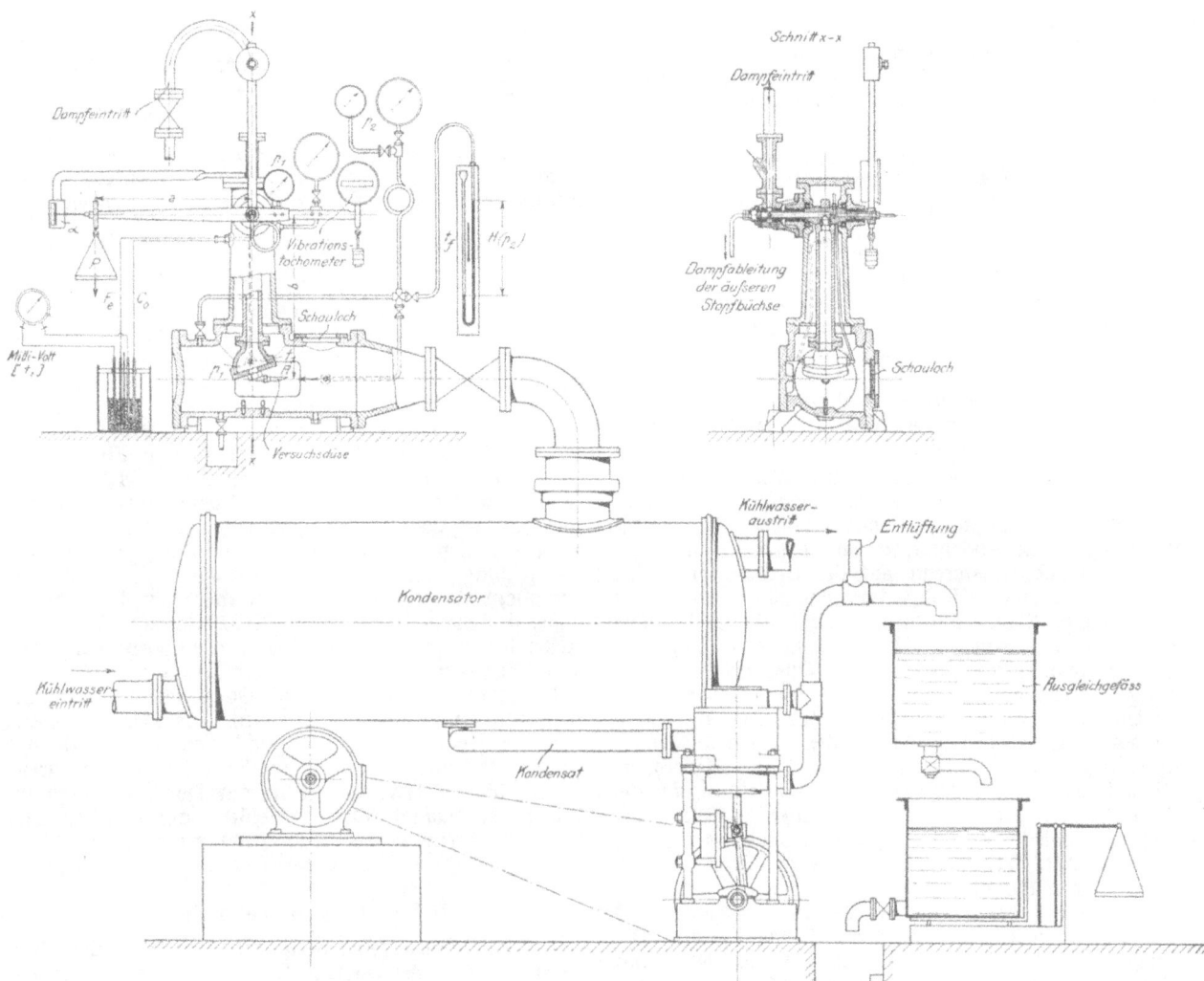

Fig. 2.

keit w', sondern die Geschwindigkeitskomponente $w = w' \cos \omega$ ergeben, wobei $\omega =$ mittlerer Ablenkungswinkel der austretenden Flüssigkeitsstrahlen zur geometrischen Achse der Leitvorrichtung ist. Auf diese noch sehr wenig bekannte aber außerordentlich wichtige Erschei-nung wird ebenfalls erst bei der Deutung der Versuchs-ergebnisse näher eingegangen werden können.

Die weitere Bestimmung der Verluste von ausströ-mendem Wasserdampf aus Düsen, Leitapparaten usw. ergibt sich nun wie folgt: Unter Annahme einer verlust-freien adiabatischen Expansion vom Anfangsdruck p_1 kg/qcm abs. bis auf den Gegendruck p_2 kg/qcm abs. wird sich eine theoretische Geschwindigkeit w_0 ergeben zu

$$w_0 = 91{,}53 \sqrt{i_1 - i_2} = 91{,}53 \sqrt{\lambda} \dots (3)$$

Die Größe $\lambda = i_1 - i_2$ aber wäre nun rechnerisch zu bestimmen auf Grund des Ansatzes

Entropiezunahme $dS = 0$

oder

$$S = \text{const.}$$

Das adiabatische Gefälle $\lambda = i_1 - i_2$ ergibt sich als Funktion der Größen p_1, p_2, x und g, was ja aus den meisten Abhandlungen über den Ausfluß von Gasen und Dämpfen bekannt ist.

Einfacher aber und doch mit hinreichender Ge-nauigkeit können nun obige Werte von i_1 und i_2 direkt aus dem I-S-Diagramm von Mollier entnommen werden, wie es ja allgemein im Dampfturbinenbau üblich ist.

In Wirklichkeit treten nun beim Ausströmen durch Düsen bzw. Leitapparate Strömungswiderstände verschiedener Art auf, wodurch die theoretische Ausflußgeschwindigkeit w_0[1] auf die wirkliche Ausflußgeschwindigkeit w herabgesetzt wird. Es ist also

$$w = \varphi \cdot w_0,$$

hierin ist

$$\varphi = \frac{w}{w_0} = \text{Geschwindigkeitskoeffizient}$$
$$= \cdot 9,81 \cdot \frac{R}{G} \cdot \frac{1}{w_0}.$$

Um nun φ zu bestimmen, wäre also R und G durch Versuche festzustellen; w_0 selbst ist nach obigen Ausführungen aus Gleichung (3) zu entnehmen.

2. Die Versuchseinrichtung.
(Siehe auch Fig. 1 und 2).

Wage.

Der im Maschinenlaboratorium zur Verfügung stehende Versuchsapparat besteht im wesentlichen aus einem Winkelhebel, dessen vertikal hängender Arm, als Dampfleitungsrohr ausgebildet, die zu untersuchende Leitvorrichtung trägt. Der beim Ausfließen des Dampfes auftretende Reaktionsdruck wird durch Auflegen von Gewichten auf der am horizontalen Wagebalken angeordneten Schale gemessen.

Die Dampfzuleitung zum Düsenträger erfolgt störungsfrei durch eine hohle Welle. Letztere besitzt eine Außenhochdruckstopfbüchse mit einfacher Labyrinthdichtung, deren Abdampf, damit er bei Versuchsausführung nicht zu störend auf die Beobachter wirkt, durch eine besondere Rohrleitung abgeführt wurde und bei der eigentlichen Messung keine Rolle spielt. Die Welle ist auf Kugeln gelagert, um eine möglichst geringe Reibung zu erzielen. Der Düsenträger ist allseitig von einem Gehäuse umgeben, welches über einen Schieber hinweg an einen Oberflächenkondensator angeschlossen ist. An den Stellen, wo die Welle das Gehäuse durchdringt, sind Labyrinthstopfbüchsen angeordnet. Die anfänglich auch vorgesehene Wasserdichtung für die Stopfbüchsen wurde im Interesse einer größeren Versuchsgenauigkeit, d. h. genauerer Kondensatmessung, nicht benutzt. Vor Eingang in den eigentlichen Versuch wurde der Nullpunkt der Wage mittels Schwingungsmethode festgestellt; dabei wurde darauf gesehen, daß die Wage möglichst in warmem Zustande war. Die Wägung selbst erfolgt derart, daß in der Nähe des Nullpunktes zwei aufeinander folgende Gewichtsbelastungen, die sich voneinander um rd. 50 bis 100 g unterscheiden, vorgenommen wurden. Dazu wurde zu jeder Belastung der Ausschlag α abgelesen. Durch Interpolation innerhalb der beiden Ausschläge wurde nun das eigentliche Gewicht P bezogen auf den Nullpunkt der Wage ermittelt.

Druckmessung.

Die Bestimmung der Drücke p_1 und p_2 erfolgte mittels sehr zuverlässiger Federmanometer, deren Angaben nach der Quecksilbersäule geeicht wurden. Zum Zwecke einer größeren Genauigkeit erfolgte die Ablesung der Drücke auf verschiedenen Manometern, deren Meßbereiche abgestuft waren, und zwar:

Druck vor Leitvorrichtung p_1:
1. Meßbereich 0 — 4 kg/qcm abs.
2. » 0 — 12 » »

Die Manometer zur Bestimmung des Druckes p_1 waren unmittelbar auf dem schwingenden Gegenarm der Wage befestigt. Das Herausführen der Manometerleitung aus dem Innenraum nach außen erfolgte durch die angebohrte Welle selbst, so daß auch durch die Manometerleitung keinerlei störender Einfluß auf die Wage ausgeübt werden konnte.

Druck im Gegenraum p_2:
1. Meßbereich 0 — 1 kg/qcm abs. (Hg-Säule)
2. » 0 — 3 » »
3. » 0 — 12 » »

Außerdem wurde noch der Druck p_0 vor Eintritt in den Versuchsapparat gemessen; dieser diente bei Ausführung der Versuche lediglich Vergleichszwecken.

Temperaturmessung.

Zur Bestimmung der Temperatur des Dampfes unmittelbar vor Eintritt in die zu untersuchende Düse wurde ein geeichtes Thermoelement (Eisen-Konstantan) benutzt, dessen zweite Lötstelle in schmelzendes Eis gelegt wurde. Das Thermoelement ist mit dem Düsenträger beweglich und die herausführenden Drähte hatten auf die Wage keinerlei störenden Einfluß. Der Eisen- und Konstantandraht war auf die Länge von ca. 1 m im Innenraum des Versuchsapparates Temperaturen bis rd. 350° C und außerdem auch teilweise sehr nassem Dampf ausgesetzt. Es mußten deshalb zur Vermeidung von Meßfehlern bezüglich der Isolation besondere Maßregeln getroffen werden, um die Lebensdauer des Elementes zu vergrößern. Der zur Verfügung stehende, nur mit einfacher Baumwollenumspinnung isolierte Eisen- und Konstantandraht wurde zunächst mit Asbestschnur umwickelt und die Oberfläche der letzteren mehrfach mit Mennigkitt gestrichen. Diese Drähte haben sich nun sehr gut gehalten und sich als vollständig wasser- und hitzebeständig innerhalb der Temperaturen bis rd. 350° C erwiesen. Eine etwaige Auswechselung war meist bedingt durch Abreißen oder Knicken der Drähte während der sehr häufigen Montagen.

Kondensatmessung.

Hierbei wurde eine bestimmte Menge in einer bestimmten Zeit abgewogen. Die Zeitmessung selbst erfolgte mittels Stoppuhr. Besonderes Augenmerk wurde fortwährend auf die Dichtheit aller Leitungen usw. gerichtet. Auch der Kondensator wurde mehrfach auf Dichtheit geprüft. Später wurde, da die Kondensatmessung immer noch nicht genau genug erschien, was in der Hauptsache durch die ungleiche Förderung der Kondensatpumpe verursacht wurde, noch ein Ausgleichgefäß eingeschaltet, von welchem aus das ausfließende Wasser abgewogen wurde.

Undichtigkeitsbestimmung.

Bei Überdrücken im Versuchsapparat trat nun aus den Labyrinthstopfbüchsen Dampf ins Freie, und die eigentliche Kondensatmessung ist um den Betrag der Undichtigkeit zu vergrößern. Dieser Undichtigkeitsbetrag wurde nun durch einen besonderen Versuch bestimmt, indem der aus einer Seite austretende Dampf in einem Rohrsystem niedergeschlagen und gewogen wurde. Außerdem wurde der Spalt auf beiden Seiten durch genaues Ausmessen bestimmt und hieraus die gesamte Undichtigkeit rechnerisch ermittelt. In Fig. 3 ist in Abhängigkeit des inneren Druckes p_2 das sekundlich durch diese beiden Stopfbüchsen strömende Dampfgewicht G aufgetragen. Da die Undichtigkeit selbst im Höchstfalle rd. 10% der Gesamtdampfmenge, die durch die Düse geht, ausmacht und auf rd. 10% genau bestimmt ist, so beträgt der größte Fehler im ungünstigsten Falle 1%; in Wirklichkeit ist er aber bedeutend niedriger, da in normalen Verhältnissen die gesamte Undichtigkeit nur ca. 1% ausmacht, wodurch dann eine Genauigkeit von ca. 0,1% erreicht wird. Jedenfalls liegt dann diese Größe innerhalb der Genauigkeitsgrenzen der Versuchsanordnung überhaupt.

Versuchsmaterial.

Im Gegensatz zu fast allen früheren Arbeiten, die sich meist auf Ermittelung der Verluste in mehr physikalischen Düsen usw. erstreckten, ist die vorliegende Arbeit ausschließlich auf die Verhältnisse des praktischen Dampfturbinenbaues zugeschnitten.

Aus den nachfolgenden Zeichnungen sind die Hauptabmessungen des Versuchsmaterials zu entnehmen, welch letzteres in der Hauptsache ganz normale Ausführungen darstellt. Doch wurden von den verschiedenen Firmen auf besonderen Wunsch des Verfassers auch anormale Ausführungen geliefert, um die Übersicht auf ein möglichst großes Gebiet der Ausströmungserscheinungen zu erstrecken. Obiges gilt allgemein für Düsen, Leitapparate und Laufschaufelsegmente.

3. Versuchsausführung.

a) Vorversuche.[2]

Der Versuchsapparat in seiner ursprünglichsten Ausführung ist in Fig. 1 dargestellt. Der früher angeordnete vertikale Zeiger erwies sich als viel zu kurz bemessen, um die Ausschläge der Wage bei geringen Übergewichten genau sichtbar zu machen. Es wurde daher der eigentlich schwingende Wagebalken selbst mit einem Zeiger versehen und die sichtbaren Ausschläge der Wage wurden bei gleichen Übergewichten rund doppelt so groß gegenüber der früheren Anordnung. Die Ausschläge selbst konnten dann auf einer einstellbaren Skala abgelesen werden. Das Hauptbestreben wurde weiter darauf gelegt, die Empfindlichkeit der Wage so weit als möglich zu vergrößern. Anfänglich bewirkte ein einseitiges Übergewicht von ca. 400 g einen Ausschlag von rd. 10 mm. Es war somit im günstigsten Falle bei ungefähr 1 mm genauer Ablesung die Genauigkeit der Gewichtsbestimmung ca. 40 g. Durch langwierige Nacharbeiten und richtige Montage der Kugellager, Stopfbüchsen und Welle wurde erreicht, daß ein Übergewicht im Betrage von rd. 100 g bei unbelasteter Wage einen Ausschlag von 10 mm bewirkte. Insbesondere wurde auch auf den warmen Zustand der Wage besondere Rücksicht genommen, wobei ein beträchtliches Verziehen der durchbohrten Welle und der Kugellager eintrat. Es ist endlich noch durch Verlegung des Schwerpunktes der Wage eine weitere Verbesserung der Empfindlichkeit erreicht worden, so daß man mit Sicherheit 10g messen konnte, wenn keine weiteren störenden Einflüsse eintreten würden.

In Wirklichkeit liegt nun die Sache nicht so einfach, und wenn überhaupt der Reaktionsdruck[3]) im allgemeinen bei ausströmenden elastischen Flüssigkeiten einwandfrei gemessen werden soll, müssen noch eine Reihe weiterer Bedingungen erfüllt sein, welche vom Verfasser nach und nach erkannt wurden. Es handelt sich dabei um Messungen, bei denen die Geschwindigkeit des austretenden Dampfstrahles in der Nähe der kritischen Geschwindigkeit (Schallgeschwindigkeit) ist oder letztere überschreitet. Wie aus den Untersuchungen von Stodola[4]) hervorgeht und auch sonst mehrfach bestätigt wurde, treten hierbei heftige periodische Schwingungserscheinungen auf.

Diese beeinflussen nun auch die Wage in sehr merkbarer Weise, indem ganz erhebliche Zuckungen und unregelmäßige Schwingungen auftreten, und das Verfahren ist gerade da, wo es für den Dampfturbinenbauer erst anfängt interessant zu werden, illusorisch.

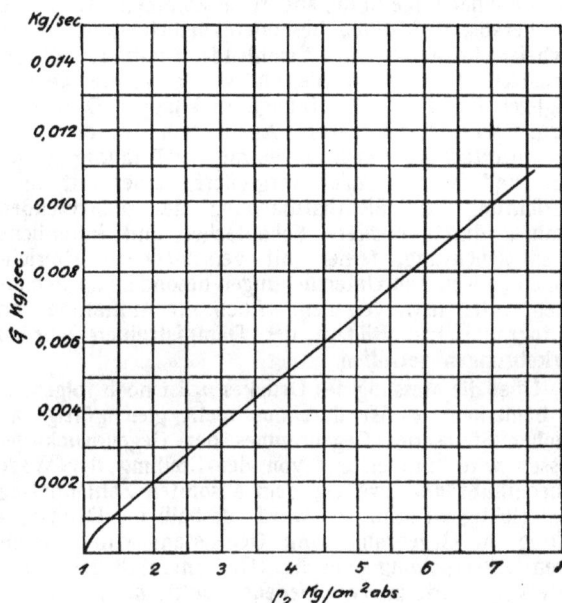

Fig. 3.

Durch zusätzliche Belastungen der Hebelarme der Wage, welche insbesondere durch Anordnung weiterer Manometer auf dem schwingenden Wagebalken zur Unterteilung des Meßbereiches und die erforderlichen Massen zur Ausbalancierung der Wage bedingt wurden, wurde eine merkliche Verbesserung der Verhältnisse insofern festgestellt, als das Zucken der Wage sich gleichzeitig verminderte. Durch weitere absichtliche Belastungen wurden nun wesentliche Verbesserungen erzielt und das Ergebnis ist kurz folgendes: Es muß durch besondere Anordnung und Verteilung von Massen die Eigenschwingungszahl der Wage so gewählt werden, daß mit den im Dampfstrahl auftretenden periodischen Schwingungserscheinungen keinerlei Resonanz erfolgt. Auf weitere zahlenmäßige Begründung soll erst an späterer Stelle eingegangen werden, wenn noch Beweise, wie sie sich aus den Versuchen von selbst ergeben, vorhanden sind.

---

[2]) Diese Vorversuche wurden teilweise vom Verfasser im Juli 1909 bei Ausführung der auf Wunsch des Verfassers von Herrn Professor Josse gegebenen Diplomarbeit: „Feststellung des Wirkungsgrades von Dampfturbinen-Leitapparaten" vorgenommen.

[3]) Diese Schwierigkeit wurde auch schon von anderen Experimentatoren bemerkt, aber nicht erkannt und das Verfahren mußte infolgedessen nur auf die Messungen ganz besonderer Punkte beschränkt werden. Vgl. Versuche der Herren H. Frederic und Kemble (Transaction of the Am. Soc. of Mech. Eng. 1909.) und Stodola, Dampfturbinen 1910 S. 62.

[4]) Stodola, Dampfturbinen 1910, S. 59—112.

Diese auftretenden Schwingungen und sonstige kleinere Vibrationen beim Ausströmen von Wasserdampf haben aber noch den sehr beachtenswerten Vorteil, daß die Reibung der Wage nahezu vollständig eliminiert wird, und ein Hängenbleiben der Wage kann nur eintreten, wenn größere Montagefehler oder ein Klemmen durch starke Wärmedehnungen usw. vorliegen.

Der Apparat in seiner ursprünglichen Bauart hatte aber im Unterteil des Gehäuses noch weitere Mängel. Es erfolgte nämlich sehr bald nach Austreten des Strahles eine beträchtliche Einschnürung der Gehäusewandungen (Fig. 1). Solange nun kleinere Dampfstrahlen von rd. 3 cm Stärke verwendet wurden, war alles in Ordnung. Bei Verwendung von Düsen und Leitapparaten größerer Abmessungen treten aber wiederum erhebliche Störungen ein, und zwar blieb dann die Wage entweder nur in der höchsten oder nur in der tiefsten Lage je nach Einstellung, und es mußte eine Zu- oder Abnahme der Belastung bis zu mehreren Kilogramm eintreten, um von einer Lage in die andere zu kommen. Es stellte sich heraus, daß durch besondere örtlich auftretende Wirbelerscheinungen und Strahlendeformationen obiges Verhalten verursacht wurde, und weil ferner der Druckausgleich im Gegenraum infolge zu knapper Dimensionierung sehr gehindert war. Aus diesem Grunde wurde das Unterteil des Versuchsapparates vollständig umgebaut, und zwar räumlich vergrößert, ferner mit einer Einrichtung zur Sichtbarmachung des austretenden Strahles durch mehrere Schaulöcher und künstliche Innenbeleuchtung, ferner mit verschiedenen Einrichtungen zu weiteren Untersuchungen besonders an Schaufelsegmenten usw. versehen. Auch zur Aufnahme von photographischen Bildern der Dampfstrahlen wurden Vorkehrungen getroffen.

Über die Messung des Druckes p_2 ist noch folgendes zu bemerken: es ist durchaus nicht gleichgültig, an welcher Stelle des Gegenraumes der Gegendruck gemessen wird, um erstens von der Stellung der Wage unbeeinflußt und zweitens dem absoluten Zahlenbetrag nach richtig zu sein. Es wurde deshalb die Druckverteilung im Gegenraum zum Gegenstand einer besonderen Untersuchung gemacht. Der Anschluß des Manometers p_2 wurde an verschiedene Punkte a, b, c, d verlegt (Fig. 1) und außerdem wurde noch mit einer besonderen umgebogenen Sonde die Druckverteilung im Gegenraum gemessen. Allgemein wurden folgende Ergebnisse festgestellt: Die Druckgleichheit im Gegenraum ist vorhanden, solange der ausströmende Dampfstrahl keinen Manometeranschluß trifft. Andernfalls ergeben sich folgende Fälle: 1. Die Druckanzeige p_2 ist zu groß, wenn der Strahl den Manometeranschluß im Sinne der Strömung trifft. Es tritt dabei ein dynamischer Anteil hinzu. 2. Die Druckanzeige p_2 ist mehr oder minder zu klein, wenn der Dampfstrahl in kleinerer oder größerer Entfernung der Manometermündung vorbeistreicht. Es tritt dabei dann eine Art Saugewirkung[5]) auf. Im allgemeinen ist aber dieser Einfluß bei weitem geringer als der unter 1. angegebene und beträgt höchstens einige Millimeter Quecksilbersäule, während unter 1. der Druckunterschied einige Zentimeter Quecksilbersäule beträgt.

Eine immer richtige Druckmessung erhält man wie in Fig. 2 angegeben. Es wurde ohne und mit eingeführter Sonde gemessen (in letzterem Falle noch in verschiedenen Lagen der umgebogenen Sonde), und es konnte aber nur eine Schwankung im Betrag von ca. 2 mm Quecksilbersäule festgestellt werden, welche aber immer

im Betrieb vorhanden sind und schon durch den wechselnden Anfangsdruck p_1 hervorgerufen werden.

Diese Druckmessung ist deshalb als normal anzusehen, und falls sie durch irgendwelche Umstände nicht stattfinden konnte, ist es immer besonders angegeben und die gemessenen Werte haben dann eine etwas kleinere Genauigkeit.

Ähnliche Verhältnisse ergaben sich bei der anfänglich versuchten Messung der Temperatur t_2 im Gegenraum; nach genauer Kenntnis der maßgebenden Faktoren und der erhaltenen Unterschiede wurde letztere aber vollständig aufgegeben, denn es zeigt sich nämlich, daß je nach Stellung der Wage, je nachdem also der austretende Dampfstrahl das in Fig. 1 dargestellte Thermometer mehr oder minder getroffen hat, Unterschiede bis zu 20⁰ C festgestellt wurden. Wie stark aber jedesmal das Thermometer getroffen wird, dazu der Einfluß der Wärmeableitung usw., ist aber ganz unkontrollierbar, und die Messung ist daher viel zu roh.

b) Hauptversuche.

Nachdem nun durch die Vorversuche die Betriebsbedingungen der Versuchseinrichtung Schritt für Schritt geklärt wurden und durch vielseitige Verbesserungen nach und nach eine größtmögliche Genauigkeit des Verfahrens angestrebt wurde, konnte mit den eigentlichen Hauptversuchen begonnen werden. Immerhin aber wechselten Hauptversuche und Vorversuche häufig ab, da erst aus den Ergebnissen der Auswertung die verschiedenen Erscheinungen zutage getreten sind und auf die Notwendigkeit der vorausgeschickten Maßnahmen hingewiesen haben. Die Hauptversuche wickelten sich nun nach folgendem Programm am einwandfreiesten ab: Mittels eines fein regulierbaren Ventils vor dem Versuchsapparat wurde der Druck p_1 möglichst konstant gehalten; es mußte dabei fortgesetzt nachreguliert werden, da in Anbetracht der Betriebsverhältnisse des Maschinenlaboratoriums die Versuche nur während der normalen Betriebszeiten durchgeführt werden konnten. Gleichzeitig wurde die Dampftemperatur t_1 möglichst konstant erhalten; doch mußten aber manchmal Schwankungen um $\pm 5^0$ C in den Kauf genommen werden, da sich die Belastung in den Dampfleitungen oft änderte. Durch Drosseln verschiedener Zweigleitungen des Dampfnetzes, ferner durch An- und Abstellen von Maschinen wurde aber doch ein möglichst gleichartiger Zustand erreicht. Nachdem nun Beharrung eingetreten war, was sich durch fortgesetzte vorläufige Ablesungen der verschiedenen Instrumente und insbesondere durch häufige Kondensatwägungen genau feststellen ließ, wurde mit der eigentlichen Versuchsreihe begonnen. Diese Vorbereitungen erforderten meist zirka 2 Stunden. Da nun die durch die Versuchsdüsen strömende Dampfmenge konstant ist, solange die Bedingungen: $p_1 =$ konstant. $t_1 =$ konstant erfüllt sind, und das kritische Druckverhältnis unterschritten ist, konnten aufeinander folgende Messungen gemacht werden. Anfangs wurde für jeden eingestellten Versuchspunkt die Kondensatmenge gewogen, nachdem sich aber obiges Gesetz immer wieder sehr genau bestätigt hatte, wurde fernerhin nur bei höchst erreichbarem Vakuum mehrfach das Kondensat gemessen. Hierauf wurde mit geändertem Gegendruck in Abständen von rd. 0,1 bis 0,5 Atm. alle anderen erforderlichen Messungen erledigt. Bei nahezu gleichem Innen- und Außendruck (also rd. 1 Atm. abs.) wurde wiederum nach Eintritt des Beharrungszustandes das Kondensat gewogen. Es schlägt sich nämlich, falls die Wandungstemperatur des Gehäuses $t_w < t_2$. (Sättigungstemperatur des Dampfes bei Druck p_2) in den Rohrleitungen zum Kondensator

⁵) Diese Erscheinung wurde größtenteils auch schon von anderen Forschern beobachtet, welche auf Grund von Druck- und Temperaturmessung die Verluste in der Düse etc. bestimmen wollten (Stodola, Büchner, Schulz etc.).

größere oder kleinere Wassermengen nieder, wodurch dann leicht eine Fälschung der Kondensatmessung eintreten kann. Diese zweite Kondensatmessung ist dann ganz besonders genau, weil infolge Gleichheit des Innen- und Außendruckes ein Fehler durch Undichtheit vollständig ausgeschlossen ist. Beim Eintritt in das kritische Druckgefälle wurde dann meist eine dritte Kondensatmessung vorgenommen, welche noch um den Betrag der Undichtigkeit korrigiert werden mußte, da $p_2 > p_a$ (jeweiliger Luftdruck).

daß der Einfluß der maßgebenden Faktoren, insbesondere bei Beurteilung der Verluste in den Düsen und Leitapparaten im Zusammenhang mit denen der Schaufelsegmente durch Einfluß des Spaltes, der Schaufelhöhe, der Teilung, der Winkel, der Schaufelform und der Oberflächenbeschaffenheit im Verein mit den schon früher angeführten die Zahl der Variationen so stark vermehrt, daß infolge Zeitmangels des Verfassers wohl die Aufgabe über das allgemeine Verhalten der Verluste in den Turbinenelementen gelöst werden konnte,

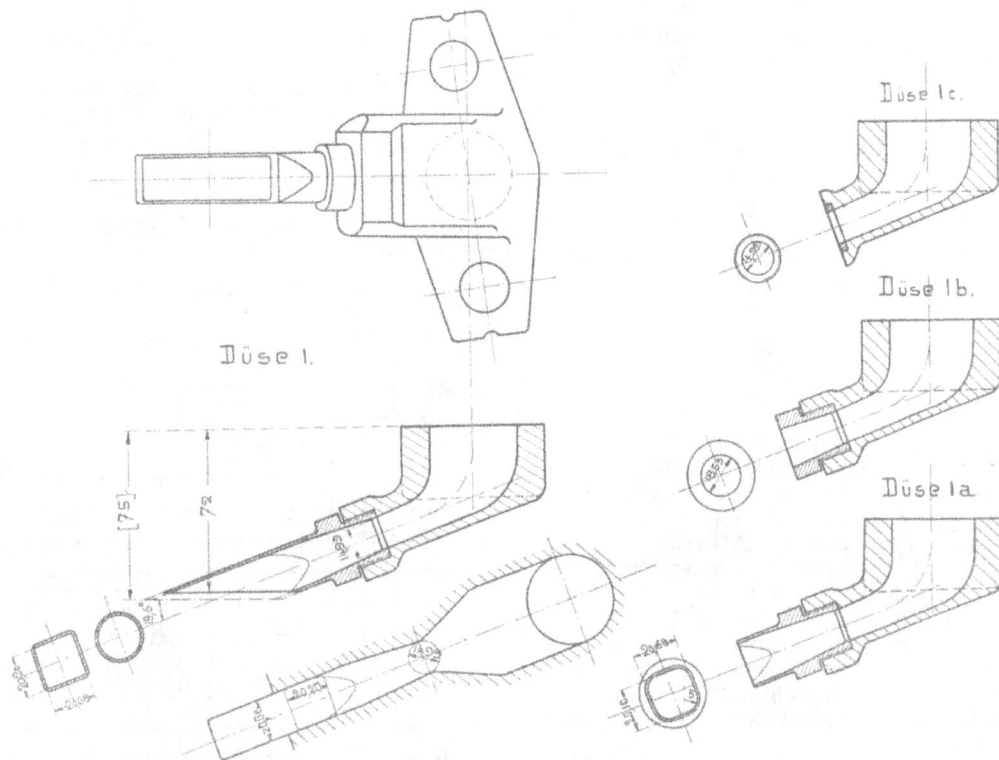

Fig. 4.

Bei der Überschreitung des kritischen Gefälles mußte nun für jeden Punkt, da sowohl die durchfließende Menge als auch die Größe des Kondensatniederschlages in den Rohrleitungen zum Kondensator sich änderte, auf den Beharrungszustand gewartet werden, wobei selbstverständlich p_1 und t_1 fortwährend nachreguliert wurden. Das Abwarten des Beharrungszustandes für einen Punkt erforderte meist über eine Stunde, die eigentliche Messung wurde mindestens dreimal wiederholt. Die genaue Aufnahme einer Versuchsreihe $p_1 =$ konstant, $t_1 =$ konstant, p_2 variabel erforderte im ganzen rd. 5 bis 6 Stunden. Dieses Verfahren, wie es für genaue Messungen sich als unbedingt nötig erwiesen hat, wurde ab September 1910, nachdem alle Erscheinungen erkannt waren, immer durchgeführt, während bei früheren Versuchsreihen durch Nichtbeachtung einer der oben angeführten Erscheinungen unter Umständen kleinere Fehler aufgetreten sein könnten.

Die Reihen selbst wurden nun bei den verschiedenen Versuchsdüsen und Leitapparaten bei wechselnden Drücken $p_1 =$ konstant und außerdem noch bei verschiedenen Temperaturen $t_1 =$ konstant durchgeführt. Hierzu kommen noch die Versuche mit verschiedenen Ausführungsformen usw., und später stellte sich heraus,

nicht aber detaillierte Angaben über den Einfluß jedes einzelnen Faktors, wie sie dem Konstrukteur wohl sehr erwünscht wären, enthalten kann.

Es ist ferner auch ganz erklärlich, wenn, wie die späteren Versuchsergebnisse zeigen werden, sich eine ganz allgemeine Übereinstimmung mit fast allen früheren Experimentatoren in den Hauptpunkten der gefundenen Zahlen ergibt, anderseits aber in der Deutung der Ergebnisse oft ganz grundsätzliche Abweichungen vorhanden sind.

4. Auswertung der Versuchsreihen und Beurteilung der Genauigkeit der Ergebnisse.

Die Auswertung kann nun für jeden einzelnen gemessenen Versuchspunkt in der bereits früher angegebenen Weise erfolgen, indem durch den Anfangsdruck p_1 und die Anfangstemperatur t_1 einerseits und durch den Gegendruck p_2 das adiabatische Gefälle λ bestimmt, und hieraus die theoretische Geschwindigkeit $w_0 = 91,53 \sqrt{\lambda}$ berechnet wird. Gleichzeitig ergibt nun die Messung des Reaktionsdruckes und der Kondensatmessung die wirkliche Geschwindigkeit

$$w = \frac{9,81}{G} \cdot R,$$

somit

$$\varphi = \frac{w}{w_0}.$$

Diese Art der Auswertung wurde auch anfänglich benutzt. Jedoch sind die dabei erhaltenen Werte in ungleich stärkerem Maße von den einzelnen unvermeidlichen Meßfehlern beeinflußt, und zwar besonders deswegen, da sich etwaige Meßfehler entweder zufällig gleichzeitig addieren, subtrahieren oder aufheben können. Die einzelnen Fehler ergeben sich wie folgt:

Druckmessung:

Anfangsdruck p_1 kg/qcm abs.   größter Fehler kg/qcm
       0—4   ± 0,005
       4—12   ± 0,01

Gegendruck p_2 kg/qcm abs.   größter Fehler kg/qcm
       0—1   ± 0,002
       1—3   ± 0,005
       > 3   ± 0,01.

Temperaturmessung:

Die Temperatur t_1 unmittelbar vor Eintritt in die Leitvorrichtung mittels Thermoelement dürfte als Mittel die Genauigkeit von ± 1° haben; dieser Einfluß ist jedoch sehr gering, da es sich beim Abgreifen der adiabatischen Gefälle sowieso nur um Differenzen handelt und die Kurvenschar $p = $ konstant innerhalb kleiner Bereiche nahezu äquidistant verläuft.

Für ein Abgreifen der adiabatischen Gefälle λ aus der Tafel von Mollier ist in der Hauptsache die Genauigkeit der Druck- und Temperaturmessung maßgebend und es dürfte nach obigen Ausführungen der maximale Fehler des adiabatischen Gefälles λ innerhalb der Grenzen ± 0,2 WE liegen.

Bei Messung des Reaktionsdruckes ergibt sich für die kleinste Belastung der Wage im Betrag von ungefähr 2 kg ein Fehler in der Größenordnung von rd. ½ %; dabei ist zugrunde gelegt, daß 100 g Übergewicht noch einen deutlichen Ausschlag von 10 mm ergeben. Bei größeren Gewichten von 10 kg aufwärts beträgt der Fehler sogar weniger als 0,1 %, da sich 100 g genau messen lassen und der Rang der 10 g durch Interpolation der Skalenteile α sich angeben läßt.

Die Kondensatmessung hatte im Anfang den maximalen Fehler von rd. ½ %, was hauptsächlich infolge der stoßweisen Förderung der Kondensatpumpe und der kleinen Schwankungen des Druckes p_1 und der Temperatur t_1 bedingt ist. Später jedoch, nach Einschaltung des Ausgleichgefäßes, ist dieser Fehler weiter vermindert worden, so daß als Ungenauigkeit der Kondensatmessung nicht mehr als ¼ % in Ansatz zu bringen wäre.

Die bei den einzelnen Versuchspunkten aufgetretenen Meßfehler lassen sich nun durch folgende graphische Interpolation weiter bedeutend herabsetzen. Zu diesem Zweck trägt man R und G als Funktion von λ auf und erhält dann ganz stetig verlaufende Kurven und eine ausgezeichnete Ausgleichung innerhalb der Werte R, G, p_1 und p_2.

Die auf diese Art berechneten Werte von $\varphi = \frac{w}{w_0}$ haben nun im allgemeinen einen Genauigkeitsgrad, der

unter ± 1% liegt, und es sind somit Werte erreicht, welche für die praktische weitere Verwendung weitaus genügend sind. Nur bei Geschwindigkeiten $w_0 < 300$ m beträgt die Genauigkeit rd. 2%, es sind dies aber solche Werte, die gerade für die Praxis weniger Interesse haben. Die so erhaltenen Ergebnisse werden nun an folgenden typischen Versuchsbeispielen gezeigt.

5. Versuchsergebnisse.

A. Allgemeine Beziehungen.

a) Düse mit Schrägabschnitt und freier Expansion.

(Zahlentafel 1 und Fig. 4, 5 und 6).

In Fig. 5 ist nun als Funktion des adiabatischen Gefälles einmal die theoretische Ausflußgeschwindigkeit $w_0 = 91,53 \sqrt{\lambda}$ und ferner die durch Versuche festgestellte wirkliche Ausflußgeschwindigkeit $w = \frac{9,81}{G} \cdot R$ aufgetragen. Die Kurve $w = f(\lambda)$ hat nun drei besondere Merkmale, nämlich

1. den von 0 rasch aufsteigenden Ast a,
2. das sog. Knie b,
3. den weiterhin sehr langsam steigenden Ast c.

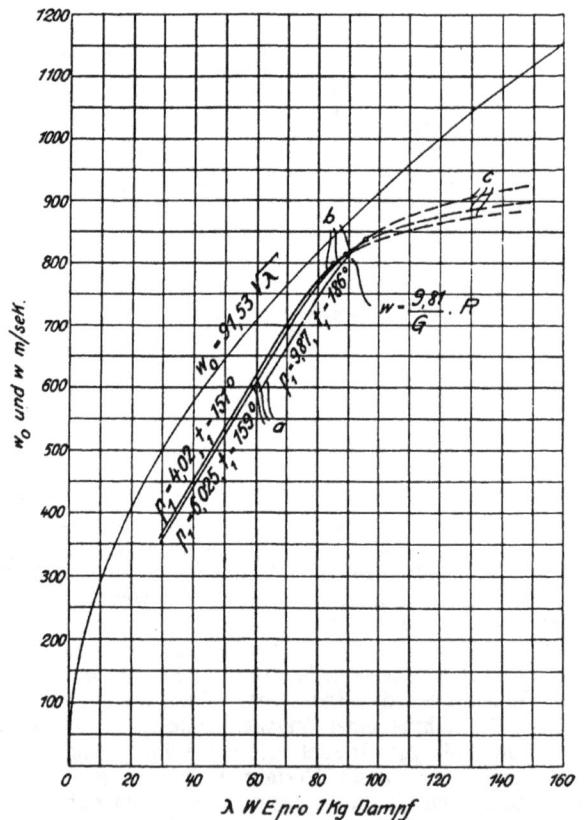

Fig. 5.

Diese Kurve kann direkt als „Charakteristik" einer Düse bezeichnet werden, da sie alle Erscheinungen in deutlicher Weise enthält, wie sie durch die früheren rein physikalischen Untersuchungen längst bekannt sind. Es tritt hier aber zum ersten Male zahlenmäßig die summarische Wirkung aller störenden Einflüsse auf die Energieumsetzung einer gegebenen Düse klar vor Augen.

Zahlentafel 1. Düse 1. Freie Expansion.
Versuchsreihe: Druck p_1 verändert; Sattdampf.

18. Februar 1911.

p_1	t_1	τ_1	p_2	G	R	w	λ	w_0	φ
4,02	151	8	0,114	0,1051	9,38	876	130	1043	0,840
			0,199		9,22	861	113	973	0,885
			0,298		9,00	841	100,3	916	0,918
			0,399		8,75	817	90	868	0,941
			0,504		8,36	781	82	828	0,943
			0,606		7,94	742	75,5	795	0,933
			0,718		7,47	697	69,7	764	0,912
			0,815		7,12	664	65	738	0,900
			0,920		6,74	629	60,4	711	0,884
			1,024		6,34	593	55,3	681	0,871
			1,21		5,87	548	49,7	646	0,848
			1,41		5,25	490	43,3	603	0,813
			1,60		4,73	442	38,5	568	0,778
			1,82		4,22	394	33,5	530	0,742
			2,01		3,85	359	29,3	496	0,725
			2,29	0,1345	3,35	313	24,0	448	0,698
			2,50		3,01	—	20,3	—	—

20. Februar 1911.

p_1	t_1	τ_1	p_2	G	R	w	λ	w_0	φ
6,025	159	1	0,114	0,1557	14,12	891	143	1094	0,814
			0,222		14,00	884	123,8	1017.	0,868
			0,322		13,70	865	112	968	0,893
			0,444		13,51	853	101,5	922	0,925
			0,535		13,23	835	95.	893.	0,935
			0,598		13,03	823	91,2	874.	0,942
			0,704		12,74	804	85,7	848.	0,948
			0,816		12,28	775	80,4	822	0,945
			0,912		11,80	745	76,2	799	0,933
			1,01		11,36	716	72,7	780.	0,918
			1,18		10,68	674	66,4	746.	0,904
			1,39		9,90	624	60,6	713	0,875
			1,58		9,28	585	55,8	685.	0,855
			1,80		8,60	542	50,8	653	0,830
			2,04		7,94	501	46,0	622	0,805
			2,37		7,11	448	40,0	578	0,775
			2,76		6,24	394	33,8	533	0,738
			3,16		5,47	345	28,1	486	0,710
			3,80		4,46	—	20,3	—	—

7. Oktober 1909.*)

p_1	t_1	τ_1	p_2	G	R	w	λ	w_0	φ
9,87	186	7	0,235	0,2510	23,60	924	142,8	1093	0,844
			0,339		23,22	908	131,5	1049	0,866
			0,505		22,80	891	118,1	994	0,897
			0,637		22,32	873	110,5	962	0,907
			0,762		22,00	861	104,0	933	0,922
			0,888		21,52	842	98,3	908	0,926
			1,038		21,32	834	93,6	885	0,942
			1,153		20,20	792	88,8	863	0,917
			1,471		18,95	740	79,8	817	0,905

*) Die Versuche konnten seit Umbau des Apparates nicht wiederholt werden, da am neuen Aufstellungsort p_1 = rd. 10 atm/abs. nicht mehr erreicht wurde.

Zahlentafel 2. Leitapparat 2. Freie Expansion.
Versuchsreihe: Druck p_1 verändert; Sattdampf.

28. Februar 1911.

p_1	t_1	τ_1	p_2	G	R	w	λ	w_0	φ
2,01	139	18	0,129	0,1571	11,24	702	100,8	919	0,764
			0,234		10,84	676	81,3	826	0,818
			0,329		10,40	649	70,0	766	0,848
			0,433		10,08	629	60,5	712	0,884
			0,540		9,62	600	52,6	663	0,906
			0,649		9,10	568	45,9	621	0,916
			0,751		8,62	537	40,1	580	0,925
			0,851		8,12	506	35,2	543	0,932
			0,976		7,48	467	30,2	503	0,928
			1,095		6,80	424	25,9	464	0,912
			1,270		5,89		19,9		
			1,360		5,11		16,7		
			1,480	0,1345	4,13	301	13,1	331	0,910
			1,700		2,32	—	7,7	—	—

28. Februar 1911.

p_1	t_1	τ_1	p_2	G	R	w	λ	w_0	φ
3,04	148	14	0,184	0,2330	16,97	713	105,8	940	0,760
			0,268		16,65	700	93,1	884	0,792
			0,360		16,28	684	83,2	836	0,820
			0,473		15,79	664	73,7	786	0,845
			0,583		15,39	647	66,2	745	0,868
			0,678		15,10	635	60,9	714	0,889
			0,790		14,58	613	55,3	681	0,900
			0,890		14,11	593	50,8	653	0,908
			0,990		13,54	569	46,9	627	0,907
			1,13		12,88	542	41,9	593	0,915
			1,29		12,08	507	36,4	553	0,917
			1,49		11,16	469	30,9	511	0,921
			1,69		10,09	424	25,8	466	0,912
			1,90		8,86	341	20,8	378.	0,902
			2,07	0,2145	7,46	234,5	17,1	270	0,870
			2,28		5,92		12,9		
			2,52	0,1660	3,97		8,7		

2. Januar 1911.

p_1	t_1	τ_1	p_2	G	R	w	λ	w_0	φ
3,99	146	2	0,264	0,3064	22,15	710	102,9	930	0,764
			0,362		21,75	697	92,5	880	0,792
			0,455		21,40	685	84,5	841	0,815
			0,562		20,93	670	77,0	803	0,835
			0,646		20,60	660	72,4	778	0,848
			0,753		20,16	646	66,4	746	0,865
			0,875		19,77	633	61,2	716	0,885
			0,989		19,36	620	56,8	690	0,898
			1,10		18,80	602	52,6	664	0,906
			1,20		18,36	588	49,3	643	0,915
			1,29		17,75	569	46,6	624	0,910
			1,49		16,78	537	41,1	587	0,915
			1,59		16,09	515	38,6	568	0,906
			1,80		15,09	483	33,8	533	0,907
			1,99		14,11	452	29,6	498	0,908
			2,20		13,02	417	25,4	462	0,904
			2,50	0,3018	11,16	363	20,3	413	0,880

Kurvenast *a*.

Dieser umfaßt die Düse bei unvollständiger Expansion, also Gegendruck $p_2' > p_2$, wobei vorausgesetzt ist, daß die Erweiterung der Düse so bemessen ist, daß sie für das Verhältnis $\frac{p_2}{p_1}$ gerade richtig ist. Der ganz beträchtliche Unterschied der wirklichen Geschwindigkeit w gegenüber der theoretischen Geschwindigkeit w_0 wird also insbesondere durch folgende bekannte Ursachen hervorgerufen:

1. Oberflächenreibung.
2. Innere Reibung der einzelnen Dampfstrahlen.
3. Die durch die Diffusorwirkung auftretenden Verdichtungsstöße, welche bei Überschreitung der Schallgeschwindigkeit noch das Auftreten von Schallschwingungen ermöglichen und eine weitere Zunahme der Verluste bedingen. Dabei sind Strahlablösungen von der Düsenwandung und die dadurch bedingten Wirbelerscheinungen inbegriffen.

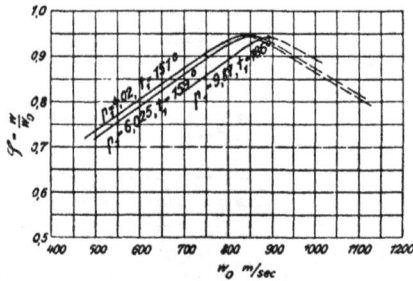

Fig. 6.

Kurvenast *b*.

Diese Kurvenstrecke entspricht dem Anwendungsbereich der Düse bei vollständig richtiger Expansion, also $p_2' = p_2$, und in unmittelbarer Nähe derselben. Die Kurve w ist sehr nahe an die Kurve der theoretischen Ausflußgeschwindigkeit w_0 gerückt; die Verluste sind außerordentlich gering und umfassen nur die Oberflächenreibung an der Düsenwandung und die innere Reibung der einzelnen Flüssigkeitsstrahlen. Alle anderen Erscheinungen, wie sie oben erwähnt sind, fallen nach den Forschungen anderer Experimentatoren vollständig fort, was auch durch diese Untersuchung sehr schön bestätigt wird. Der Wirkungsgrad der Energieumsetzung bzw. der Geschwindigkeitskoeffizient φ hat hier ein ausgeprägtes Maximum. (Vgl. Fig. 6.)

Kurvenast *c*.

Dieser Ast deckt nun den Bereich, wobei das Erweiterungsverhältnis der Düse gegenüber dem Druckverhältnis zu gering bemessen ist, also eine Expansion nach Verlassen der Düsenmündung in den Gegenraum eintritt, welche auf dem kürzesten Wege erfolgt. Die Bedingung für diese sog. Überexpansion ist somit $p_2' < p_2$. Die hauptsächlichsten Ursachen, welche die weitere Zunahme der wirklichen Geschwindigkeit so stark herabmindern, sind nach den bekannten Forschungsergebnissen in dem Auftreten von Schallschwingungen, Verdichtungsstößen und sogen. Schlierenbildung begründet; hierzu kommt noch eine Ablenkung des austretenden Strahles aus seiner ursprünglichen Achse (geometrische Achse der Leitvorrichtung) um einen Winkel ω. Der berechnete Wert $w = w' \cos \omega$ stellt hier nur die Komponente der Geschwindigkeit w' in Richtung

der geometrischen Achse der Leitvorrichtung dar. Der ermittelte Wert $\varphi = \frac{w}{w_0} = \frac{w}{w_0} \cdot \cos \omega$ enthält also hier die summarische Wirkung von Reibung und Ablenkung, und bei Erörterung der sog. Spaltexpansion wird hierauf noch näher eingegangen werden. Der Winkel ω selbst nimmt zu, wie die Beobachtungen des Verfassers ergeben haben, vom Wert 0 (richtige Expansion) bis zu ca. 50° Winkelmaß je nach Verringerung des Gegendruckes p_2. Diese Erscheinung wurde ja bereits auch von Lewicki entdeckt und durch Th. Meyer[6]) theoretisch begründet.

Zusammenfassend kann somit gesagt werden, daß die Charakteristik $w = f(\lambda)$ das gesamte Verhalten einer Düse, bezogen auf die Geschwindigkeit in Richtung der geometrischen Achse der Leitvorrichtung, wiedergibt, wie es in einzelnen früheren Forschungen teilweise angedeutet wurde. Für den Praktiker ist diese Art der Darstellung aber ganz besonders wichtig, weil er zahlenmäßig Aufschluß über alle Erscheinungen bekommt. Diese allein ermöglicht die richtige Anwendung und Bemessung der Düsen einerseits für die Konstruktion der Dampfturbinen und anderseits zur Beurteilung und Erklärung des Verhaltens einer Dampfturbine bei verschiedenen Betriebsbedingungen.

Als Sonderfall einer Expansionsdüse mit konischem Ansatz, also $\frac{F}{F_m} > 1$, kommt nun vor allen Dingen der Fall $\frac{F}{F_m} = 1$, also die gewöhnliche Leitvorrichtung mit parallelen Wänden in Betracht, besonders da alle Dampfturbinensysteme auf der vermeintlichen Kenntnis aller ihrer Eigenschaften aufgebaut sind und somit das größte praktische und auch wissenschaftliche Interesse von vornherein für sich beansprucht.

b) Leitvorrichtung mit parallelen Wänden und freier Expansion.
(Zahlentafel 2 und Fig. 7, 8 und 9).

Diese sei kurz Leitapparat in ihrer bisherigen praktischen Ausführungsform mit Schrägabschnitt genannt im Gegensatz zur physikalischen Ausführungsform mit Normalabschnitt. Nach den obigen Ausführungen ergibt sich analog die in Fig. 8 dargestellte Charakteristik $w = f(\lambda)$. Auch hier lassen sich, wie früher, dieselben Unterscheidungen machen wie bei einer Düse mit Erweiterung, also

1. der sehr rasch aufsteigende Ast *a*,
2. der der theoretischen Ausflußkurve w_0 benachbarteste Teil *b*,
3. der von w_0 abschwenkende Ast *c*.

Ast *a*. Dieser umfaßt den Leitapparat bis zum kritischen Gefälle und enthält den Einfluß der Oberflächenreibung an den Wandungen und die innere Reibung der einzelnen Dampfstrahlen.

Ast *b*. Dieser entspricht dem Anwendungsbereich des Leitapparates nach Überschreitung der sog. kritischen Geschwindigkeit innerhalb bestimmter Grenzen.

Ast *c*. Dieser umfaßt den Bereich nach ganz erheblicher Überschreitung der sog. kritischen Geschwindigkeit, wobei dann eine Expansion in den freien Raum in beträchtlichem Maße nach Verlassen des Austrittsquerschnittes stattfindet.

*) Mitteilungen über Forschungsarbeiten Heft 62.

— 15 —

In Fig. 9 ist als Abszisse die theoretische Geschwindigkeit w_0 und als Ordinate der Geschwindigkeitskoeffizient φ aufgetragen. D a b e i i s t d a s m e r k w ü r d i g s t e u n d ü b e r r a s c h e n d s t e E r g e b n i s, d a ß n a c h Ü b e r s c h r e i t u n g d e r s o g. k r i t i s c h e n G e s c h w i n d i g k e i t (S c h a l l g e s c h w i n d i g k e i t) e i n e V e r b e s s e r u n g d e s W i r k u n g s g r a d e s d e r E n e r g i e u m s e t z u n g m i t t e l s e i n e s L e i t a p p a r a t e s e i n t r i t t; w ä h r e n d n a c h d e n b i s h e r i g e n A u f f a s s u n g e n g e r a d e d u r c h d a s A u f t r e t e n v o n S c h w i n g u n g s e r s c h e i n u n g e n u s w. e i n e g a n z b e t r ä c h t l i c h e H e r a b s e t z u n g d e r E n e r g i e u m s e t z u n g m i t t e l s L e i t a p p a r a t e i n t r e t e n s o l l, w i e j a ü b e r h a u p t g e r a d e d e r B e g r i f f „k r i t i s c h" d i e B e d e u t u n g o d e r M ö g l i c h k e i t d e s A u f t r e t e n s v o n e t w a s G e f ä h r l i c h e m i n s i c h b i r g t, w a s j a a l l s e i t i g d u r c h e i n g e h e n d e U n t e r s u c h u n g e n v o n h e r v o r r a g e n d e n V e r t r e t e r n d e r W i s s e n s c h a f t u n d d u r c h k o n s t r u k t i v e M a ß n a h m e n v o n V e r t r e t e r n d e s p r a k t i s c h e n D a m p f t u r b i n e n b a u e s b e s t ä t i g t w i r d.

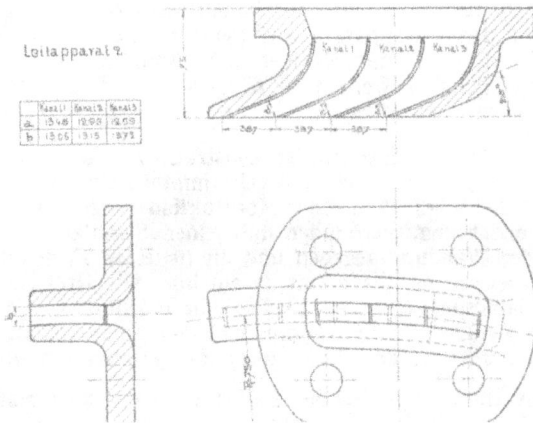

Fig. 7.

Es ist daher hier der Ort, zur Klärung dieser scheinbaren Widersprüche einige Betrachtungen anzustellen in Anbetracht der prinzipiellen Bedeutung für den Dampfturbinenbau im allgemeinen. Der Verfasser nimmt in den folgenden Erörterungen direkt Bezug auf die Darstellung obiger Vorgänge in dem klassischen Werk des Dampfturbinenbaues von Professor Dr. A. Stodola, 4. Auflage, 1910, wobei Kapitel III nahezu alles Wissenswerte „Über strömende Bewegung elastischer Flüssigkeiten" bis zu den neuesten Forschungen im Jahre 1909 enthält.

Der Verfasser hat daraus folgende zwei immer zusammengehörige Grundsätze entnommen:

1. die Schwingungen k ö n n e n auftreten, wenn die mittlere effektive Geschwindigkeit des Strahles über der Schallgeschwindigkeit liegt;

2. die Schwingungen werden ausgelöst durch e i n H i n d e r n i s[^7) i n d e r S t r ö m u n g.

Weil nun gerade im praktischen Dampfturbinenbau die Anwendung von Düsen mit bester Oberflächenbeschaffenheit eine Grundregel bildet, so scheidet die Bedingung 2 meist aus und es können die Schwingungen nicht auftreten, weil eben die erregende Ursache fehlt. Die ganzen Schwingungserscheinungen haben daher mehr wissenschaftliche als praktische Bedeutung, was mit dem Stand des jetzigen Dampfturbinenbaues vollständig übereinstimmt, da es ja auch Turbinen-

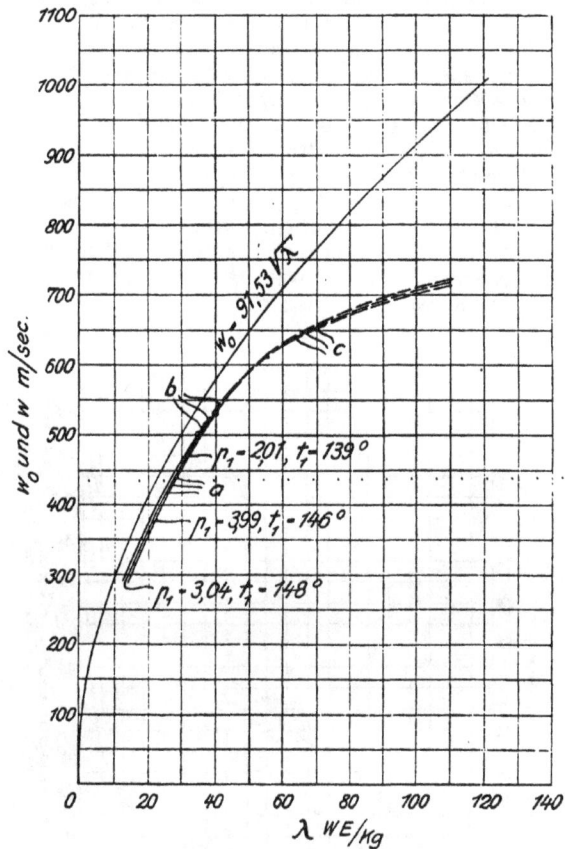

Fig. 8.

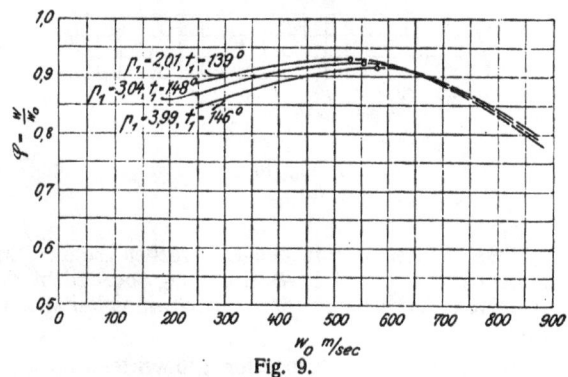

Fig. 9.

systeme mit Überschreitung der Schallgeschwindigkeit gibt, soweit man sich auf die Klärung der Strömungserscheinungen in den Leitvorrichtungen allein einstweilen beschränkt. Anderseits sind aber Dampfturbinen mit oder ohne Überschreitung der kritischen Geschwindigkeit in den Leitvorrichtungen in thermischer Beziehung einander fast gleichwertig. Es muß somit ferner wegen Überschreitung der Schallgeschwindigkeit in der Leitvorrichtung allein eine Abnahme des Geschwindigkeitskoeffizienten φ nicht verbunden sein.

[^7): Nach Ansicht des Verfassers ist ein Hindernis: 1. mit Grobfeile künstlich geraute Wand, 2. Manometerbohrungen in der Düsenwand, 3. jeder dritte in die Düse oder in den Strahl eingeführte Körper mit unstetiger Oberfläche: a) Manometeröhre mit seitlicher Bohrung, Sonde u. dgl. m., b) Laufschaufeln etc.; 4. jede Unstetigkeit im Düsenquerschnitt im allgemeinen, wobei z. B. Wirbelerscheinungen und Strahlablösungen von der Wandung auftreten können. (Falsch bemessene Düsen).

Der weitere Umstand, daß man beträchtlich größere Geschwindigkeiten als ca. 450 m erhält, wurde bereits von Lewicki[8]) experimentell nachgewiesen beim Ausströmen von Wasserdampf ins Freie. Es ist aber merkwürdig, daß diese bekannte Erscheinung nur immer bezweifelt und seit 10 Jahren fast gar keine weitere Beachtung gefunden hat, denn auch Brilling[9]) klärt den für den Dampfturbinenbauer aus verschiedenen Gründen doppelt wichtigen Fall nicht, sondern hört bei ca. 450 m auf, weil es eben „kritisch" wird. Gleichzeitig aber beweist der letztgenannte Autor und im Anschluß hieran auch Rateau[10]), allerdings für Laufschaufeln allein, daß der Geschwindigkeitskoeffizient φ bis ca. 450 m steigt, was auch mit den Versuchen des Verfassers sehr gut übereinstimmt und in ungleich stärkerem Maße zum Ausdruck kommt, da die vorliegenden Versuchsreihen sich alle auf $p_1 =$ konstant beziehen gegenüber $p_2 =$ konstant bei den anderen Forschern, wobei im ersteren Falle eine größere Zunahme des spezifischen Gewichts auftreten muß an Stellen höherer Dampfgeschwindigkeiten, was dann ein rascheres Abfallen der Kurve $\varphi = f(w_0)$ bedingt.

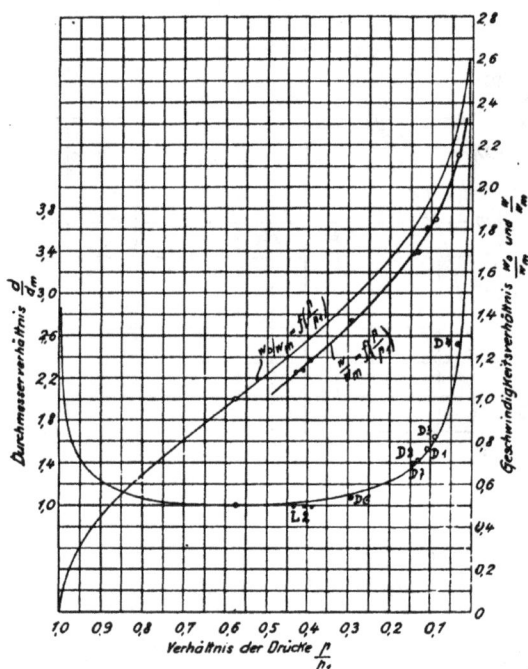

Fig. 10.

Diese neuesten Forschungen ergeben somit eine sehr bemerkenswerte Übereinstimmung bezüglich des allgemeinen Verhaltens der Geschwindigkeitskoeffizienten.

Daß diese weitere Expansion größtenteils im Leitapparat selbst stattfinden kann, ist durch die Eigenart des Strömungsvorganges begründet. Der Verfasser benutzt dazu die Darstellung von Rötscher[11]), welche sich am besten eignet, um den Einfluß der maßgebenden Faktoren rasch überblicken zu können, und entnimmt hieraus folgende Zahlen, z. B. für Sattdampf:

$\dfrac{d}{d_m} = 1$	rd. 1,01	rd. 1,02 usf.
$\dfrac{p_m}{p_1} = 0,577$	0,475	0,450
$\dfrac{w_0}{w_m} = 1,0$	1,16	1,22.

Aus obiger Tabelle und graphischer Auftragung (Fig. 10) ist zu entnehmen, daß die nötige Querschnittszunahme in Abhängigkeit des zugehörigen Druckverhältnisses sehr gering ist. Das Minimum verläuft in der Nähe des Bereiches des kritischen Gefälles außerordentlich flach, und ganz kleinen Querschnittsänderungen z. B. ca. 2 %, entspricht schon eine Geschwindigkeitszunahme von rd. 16 %.

Praktisch liegt nun der Fall so, daß eine mathematisch genaue Parallelität aller Wandungen überhaupt nicht erreicht werden kann, da durch minimale Unebenheiten, Winkeländerungen, ferner durch Verziehen und Werfen der Leitflächen unter dem Einfluß der Temperatur usw. Fehler von der Größenordnung von rd. 2 % bei den in Betracht kommenden Ausführungsformen der Leitapparate (insbesondere die der Hochdruckstufen mit nur wenigen mm Abmessungen) gar nicht eingehalten werden können, ohne die Fabrikation zu sehr zu erschweren.

Durch die Eigenart der konstruktiven Ausbildung der Leitapparate (Kanäle mit gekrümmter Achse) ist nun ferner die Möglichkeit einer Kontraktion im Innern der Leitvorrichtung, verbunden mit einer Strahlablösung, von der Wandung gegeben und die neuesten Forschungen[12]) weisen mit Sicherheit darauf hin. Die Größe der Strahlablösung kann einstweilen nur geschätzt werden. Doch genügen wenige $1/10$ mm vollständig, um aus dem Leitapparat mit dem konstruktiv festgelegten Erweiterungsverhältnis $\dfrac{F}{F_m} = 1$ bei Berücksichtigung aller maßgebenden Faktoren während des Strömungsvorganges eine ausgesprochene Düse mit einem tatsächlich zur Wirkung kommenden Verhältnis $\dfrac{F}{F_m} > 1$ zu machen, was sich bei der vorliegenden Forschung in allen Fällen bestätigt hat.

Dazu kommt noch die Expansion im Spalt mit einem relativ möglichen Anteil der Querschnittserweiterung beliebig hoch, so daß Geschwindigkeiten bis 800 m pro Sek. und mehr ohne weiteres erreichbar sind. Die gleichzeitig stattfindende Änderung der Richtung des ausströmenden Strahles bei ausschließlicher Spaltexpansion setzt nun aber Grenzen in der Überschreitung der Schallgeschwindigkeit, falls man sich auf die Komponente der Geschwindigkeit in Richtung der geometrischen Achse der Leitvorrichtung beschränken muß, welche ja auf den Wirkungsgrad einer Turbine einen sehr maßgebenden Einfluß hat. Als besonders glücklicher Umstand ist es zu betrachten, daß überhaupt der Wirkungsgrad der Energieumsetzung mit zunehmender Geschwindigkeit zunimmt. Nachdem nun das Verhalten der Energieumsetzung in einer Leitvorrichtung allgemein bekannt ist, lassen sich auch gleichzeitig eine ganze Reihe von praktischen Schwierigkeiten umgehen lediglich durch geeignete Wahl der in Betracht kommenden Durchflußgeschwindigkeiten w_0.

[8]) Mitteilungen über Forschungsarbeiten Heft 12.
[9]) Mitteilungen über Forschungsarbeiten Heft 68.
[10]) Rateau, Zeitschrift d. ges. Turbinenwesens Jhrg. 1909.
[11]) Mitteilungen über Forschungsarbeiten Heft 50. F. Rötscher, Versuche an einer 2000 PS. Riedler-Stumpf-Dampfturbine. Fig. 22; S. 21.

[12]) Stodola, Dampfturbinen 1910 s. 95—97.

Zahlentafel 3. Düse 1. Freie Expansion.

Versuchsreihe: Druck p_1 konstant; Überhitzung verändert.

29. März 1911.

p_1	t_1	τ_1	p_2	G	R	w	λ	w_0	φ
6,02	211	53	0,118	0,1464	13,90	931	150,4	1122	0,829
			0,245		13,71	919	128	1036	0,888
			0,344		13,47	902	116,6	988	0,912
			0,449		13,24	887	107,6	948	0,935
			0,552		12,95	867	100,1	915	0,947
			0,657		12,58	843	93,8	887	0,950
			0,762		12,08	810	88,3	860	0,942
			0,870		11,68	783	83,6	838	0,935
			1,00		11,14	746	78,3	810	0,920
			1,12		10,60	710	74	787	0,913
			1,27		9,96	667	69	760	0,904
			1,37		9,72	651	65,8	743	0,878
			1,50		9,17	614	62,2	722	0,875
			1,70		8,59	576	57,2	693	0,851
			1,91		8,14	546	52,1	662	0,830
			2,12		7,60	509	48	635	0,825
			2,37		7,06	473	43,4	603	0,802
			2,75		6,06	405	37	557	0,785

29. März 1911.

p_1	t_1	τ_1	p_2	G	R	w	λ	w_0	φ
6,02	263	105	0,1525	0,1360	13,62	982	155,4	1142	0,86
			0,243		13,55	977	140,0	1084	0,901
			0,344		13,27	956	128,1	1038	0,922
			0,448		13,04	940	118,9	998	0,941
			0,551		12,74	918	111,1	964	0,952
			0,659		12,27	884	104,8	938	0,942
			0,763		11,90	858	99,2	914	0,940
			0,878		11,38	820	93,8	886	0,926
			1,01		10,90	786	88,3	860	0,913
			1,10		10,50	757	84,8	843	0,898
			1,23		10,01	722	80,1	820	0,880
			1,385		9,56	689	75,3	794	0,867
			1,53		9,22	664	71,2	773	0,859
			1,70		8,69	626	67,0	750	0,835
			1,89		8,26	595	62,6	724	0,821
			2,12		7,64	550	57,4	694	0,793
			2,33		7,10	512	53,0	667	0,767
			2,53		6,62	477	49,2	642	0,742
			2,81		6,16	443	44,2	608	0,728

30. März 1911.

p_1	t_1	τ_1	p_2	G	R	w	λ	w_0	φ
6,02	314	156	0,116	0,1315	13,83	1031	172	1201	0,858
			0,240		13,64	1018	148	1113	0,914
			0,338		13,42	1000	136	1068	0,937
			0,445		13,16	981	126	1028	0,955
			0,553		12,69	946	117,5	993	0,953
			0,656		12,29	916	111,2	963	0,950
			0,755		11,86	884	105,5	940	0,940
			0,885		11,38	849	99,3	913	0,930
			1,02		10,88	811	93,3	884	0,917
			1,11		10,58	789	89,8	868	0,910
			1,21		10,20	761	85,9	848	0,896
			1,33		9,74	726	81,7	827	0,877
			1,50		9,35	697	76,1	798	0,873
			1,80		8,46	631	67,7	752	0,838
			2,15		7,58	565	58,8	702	0,806
			2,52		6,74	502	50,5	650	0,773
			2,98		5,81	433	42,0	594	0,730
			3,56		4,82	359	31,8	517	0,694
			4,58		3,44	—	17,0	—	—

Zahlentafel 4. Leitapparat 2. Freie Expansion.

Versuchsreihe: Druck p_1 konstant; Überhitzung verändert.

3. April 1911.

p_1	t_1	τ_1	p_2	G	R	w	λ	w_0	φ
3,01	206	73	0,177	0,2130	16,94	780	114,6	980	0,796
			0,292		16,42	756	97,1	902	0,838
			0,402		16,08	740	85,3	845	0,876
			0,500		15,78	726	77,6	807	0,901
			0,605		15,38	708	70,1	767	0,924
			0,715		14,88	685	64,0	733	0,935
			0,816		14,38	662	59,0	703	0,942
			0,926		13,80	635	53,8	671	0,946
			1,03		13,38	616	49,7	646	0,954
			1,17		12,50	575	44,2	608	0,946
			1,31		11,84	545	39,2	573	0,952
			1,48		10,95	504	33,9	533	0,947
			1,69		9,80	452	28,1	484	0,930
			1,99	0,2021	7,72	375	20,4	414	0,906
			2,33		5,10	—	13,0	—	—

4. April 1911.

p_1	t_1	τ_1	p_2	G	R	w	λ	w_0	φ
3,01	259	126	0,174	0,2022	17,05	827	123,7	1017	0,813
			0,274		16,58	805	107,6	949	0,848
			0,376		16,22	787	96,0	896	0,878
			0,481		15,88	770	86,7	852	0,904
			0,586		15,43	749	79,0	813	0,921
			0,690		15,06	731	72,0	777	0,942
			0,802		14,43	701	65,9	743	0,944
			0,903		13,93	676	60,8	714	0,947
			1,030		13,38	648	54,9	678	0,956
			1,14		12,88	625	50,3	651	0,961
			1,31		11,79	572	44,0	607	0,942
			1,49		11,05	536	37,9	563	0,951
			1,69		9,96	483	31,7	515	0,938
			1,99	0,1905	7,70	397	22,9	438	0,905
			2,25		5,69	256,5	16,4	—	—
			2,49	0,1386	3,62	—	10,8	301	0,853

3. April 1911.

p_1	t_1	τ_1	p_2	G	R	w	λ	w_0	φ
3,01	309	176	0,1735	0,1926	16,95	864	134,8	1053	0,822
			0,296		16,47	837	114,7	980	0,854
			0,394		16,10	821	103,7	930	0,882
			0,508		15,73	801	92,8	882	0,908
			0,606		15,33	781	85,4	846	0,923
			0,719		14,76	751	77,9	808	0,931
			0,812		14,29	728	71,9	776	0,938
			0,924		13,80	703	65,9	743	0,946
			1,02		13,30	677	61,2	716	0,946
			1,115		12,85	654	56,7	688	0,950
			1,26		12,08	616	50,4	650	0,947
			1,38		11,37	578	45,8	620	0,934
			1,57		10,53	535	39,0	572	0,936
			1,79		9,23	470	31,3	512	0,918
			1,99	0,1882	7,80	406	25,3	460	0,883
			2,27		5,55	—	17,8	—	—

B) Leitvorrichtungen mit Schrägabschnitt bei verschiedenen Betriebsbedingungen.

Nach den vorausgegangenen Erörterungen hat man nun in erster Hinsicht zu entscheiden zwischen richtig bemessener oder falsch bemessener Leitvorrichtung je nach den vorhandenen Betriebsbedingungen.

Die folgenden Ausführungen beziehen sich nun ausschließlich auf die richtig gewählten Verhältnisse, also auf den maximalen Wert des Geschwindigkeitskoeffizienten φ.

Die zugehörigen Versuchswerte sind aus den Tabellen 1 bis 4 und Fig. 4 bis 14 zu entnehmen.

a) Einfluß des Anfangsdruckes p_1.

Dabei gilt allgemein folgende Beziehung:

Mit abnehmendem Anfangsdruck p_1 unter sonst gleichen Verhältnissen findet bei einer gegebenen Leitvorrichtung eine mäßige Verbesserung des maximal erreichbaren Geschwindigkeitskoeffizienten φ um 1% bis 2% bei gleichzeitig abnehmender Geschwindigkeit statt.

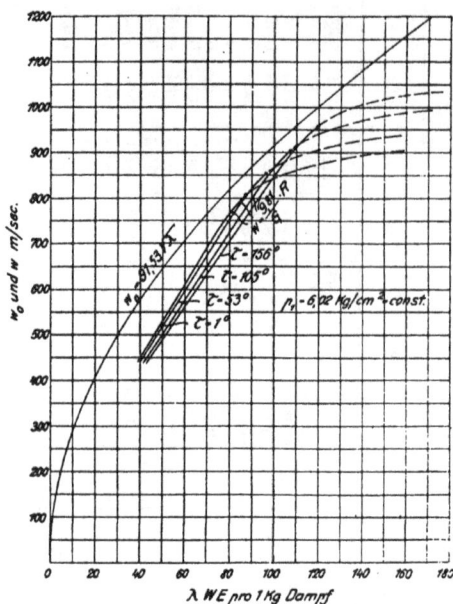

Fig. 11.

Aus der graphischen Darstellung Fig. 6 sind für Düse Nr. 1 folgende Werte zu entnehmen:

p_1 kg/cm² abs	t_1 °C	τ_1 °C	v_1 cbm/kg	p_s kg/cm² abs	w	w_0	φ_{max}	$\dfrac{p_1}{p_2}$	$\alpha = \dfrac{w_0}{\sqrt{p_1 v_1}}$
4,02	151	8	0,479	0,445	800	845	0,946	9,03	608
6,025	159	1	0,322	0,650	813	860	0,944	9,27	617
9,87	186	7	0,207	1,02	834	885	0,942	9,66	617

Es findet somit bei fallendem Anfangsdruck $p_1 =$ rd. 10 Atm. abs. bis $p_1 = 4$ Atm. abs. eine Verbesserung des Geschwindigkeitskoeffizienten φ max. um rd. 0,4% statt, bei gleichzeitig abnehmender Geschwindigkeit w_0 entsprechend der theoretischen Forderung $w_0 = \alpha \sqrt{p_1 v_1}$, welche hinreichend genau erfüllt ist.

den Ästen der Kurvenscharen $\varphi = f(w_0)$ zu erkennen, und zwar ist deutlich zu entnehmen, daß mit geringem spezifischem Gewicht bei gleichen Geschwindigkeiten $w_0 = $ const. eine Verbesserung eintritt; der fallende Ast der Kurve $\varphi = f(w_0)$ nach dem erreichten Maximum scheidet hierbei aus, da ja hierin die mittlere Ablenkung

Ebenso folgt für Leitapparat Nr. 2 aus Fig. 9:

p_1 kg/cm² abs	t_1 °C	τ_1 °C	v_1 cbm/kg	p_s kg/cm² abs	w	w_0	φ_{max}	$\dfrac{p_1}{p_2}$	$\alpha = \dfrac{w_0}{\sqrt{p_1 v_1}}$
2,01	139	18	0,944	0,865	504	540	0,932	2,35	391
3,04	148	14	0,635	1,25	512	555	0,922	2,43	399
3,99	146	2	0,476	1,52	530	580	0,915	2,62	421

Infolge des bereits erwähnten Düsencharakters eines Leitapparates mit gekrümmter Achse findet also die maximale Energieausnutzung nach Überschreitung der Schallgeschwindigkeit w_m statt. Auch hier ist mit fallendem Anfangsdruck p_1 eine Verbesserung von φ_{max} zu bemerken. Doch ist die Zunahme rd. 1,7% ungleich größer, was jedenfalls die etwas zunehmende Überhitzung τ_1 (vgl. auch Fig. 15) und durch die verhältnismäßig rauhere Oberfläche des Leitapparates (etwas bearbeitete Gußhaut und eingegossene Nickelstahlschaufeln) gegenüber der Bronzedüse mit allseitig bearbeiteter glatter Oberfläche bedingt ist.

Weiterhin ist aus den graphischen Darstellungen der Fig. 6 u. 9 der Einfluß des spezifischen Gewichts des strömenden Mediums auf den Wirkungsgrad der Energieumsetzung bei den bis zum Maximum steigen-

des Strahles zur geometrischen Achse der Leitvorrichtung eingeschlossen wird.

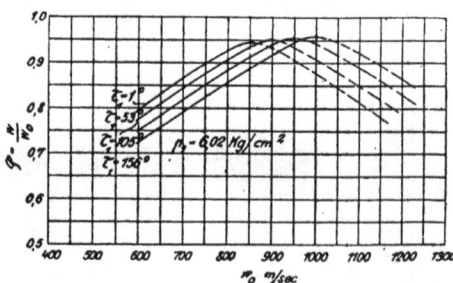

Fig. 12.

b) Einfluß der Überhitzung τ_1.

Dieser kennzeichnet sich wie folgt:

Mit zunehmender Überhitzung τ_1 findet bei einer gegebenen Leitvorrichtung unter sonst gleichen Anfangsbedingungen $p_1 = $ konst. eine Verbesserung des maximal erreichbaren Geschwindigkeitskoeffizienten φ bis rd. 4% statt, je nach Größe der Überhitzung bei gleichzeitig zunehmenden Geschwindigkeiten entsprechend der theoretischen Forderung $w_0 = \alpha \sqrt{p_1 v_1}$.

Die zugehörigen Versuchsdaten sind in den Zahlentafeln 3 und 4 enthalten; die Einzelergebnisse sind aus den Fig. 11 bis 14 zu ersehen und in den nachfolgenden Tabellen zusammengestellt.

und die gleichzeitige Zunahme der Geschwindigkeit w_0 in Abhängigkeit von der Überhitzung τ_1 noch in Fig. 15 zusammengestellt.

Hieraus dürfte insbesondere hinsichtlich des Einflusses der Oberflächenbeschaffenheit der Leitvorrichtung noch der Schluß zulässig sein, daß Leitvorrichtungen mit verhältnismäßig glatter Oberfläche (Bronzedüse) gegen Änderungen des spezifischen Gewichts des durchströmenden Mediums (infolge Änderung von Anfangsdruck p_1 bzw. Überhitzung τ_1) weniger empfindlich sind, als solche mit rauherer Oberfläche. Für die gesamte Änderung von φ_{max} ist aber auch die Zunahme der Durchflußgeschwindigkeit w_0 maßgebend. Eine

Für Düse Nr. 1 gilt:

p_1 kg/cm² abs	t_1 °C	τ_1 °C	v_1 cbm/kg	p_2 kg/cm² abs	w	w_0	φ_{max}	$\dfrac{p_1}{p_2}$	$\alpha = \dfrac{w_0}{\sqrt{p_1 v_1}}$
6,025	159	1	0,322	0,650	813	860	0,944	9,27	617
6,020	211	53	0,3755	0,610	857	900	0,952	9,87	600
6,020	263	105	0,411	0,600	906	950	0,955	10,1	604
6,020	314	156	0,453	0,535	958	1000	0,958	11,2	605

Für Leitapparat Nr. 2 gilt:

p_1 kg/cm² abs	t_1 °C	τ_1 °C	v_1 cbm/kg	p_2 kg/cm² abs	w	w_0	φ_{max}	$\dfrac{p_1}{p_2}$	$\alpha = \dfrac{w_0}{\sqrt{p_1 v_1}}$
3,04	148	14	0,635	1,25	512	555	0,922	2,43	399
3,01	206	73	0,7385	1,17	581	610	0,952	2,57	409
3,01	259	126	0,8239	1,16	617	645	0,958	2,59	410
3,01	309	176	0,904	1,15	649	680	0,955	2,62	412

Für die richtig bemessene Leitvorrichtung ist die Verbesserung des Geschwindigkeitskoeffizienten φ_{max}

genaue Trennung ist graphisch möglich, doch ist letztere praktisch belanglos, da es sich nur um eine Zunahme von höchstens 4% handelt.

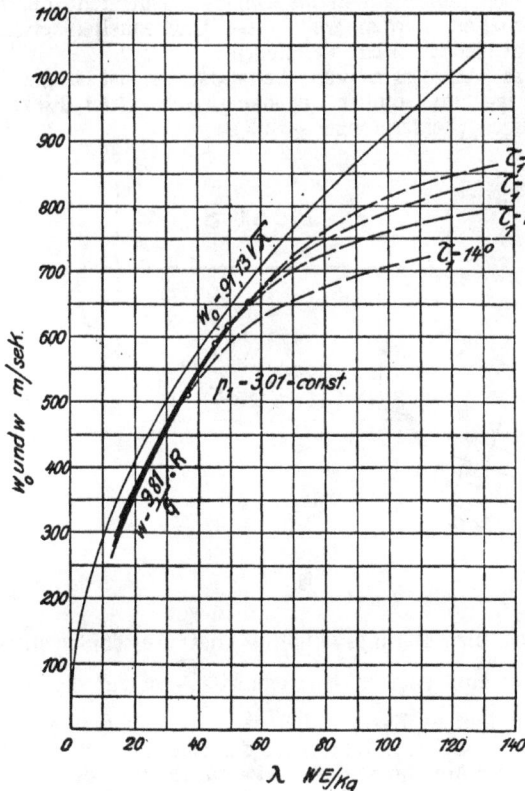

Fig 13.

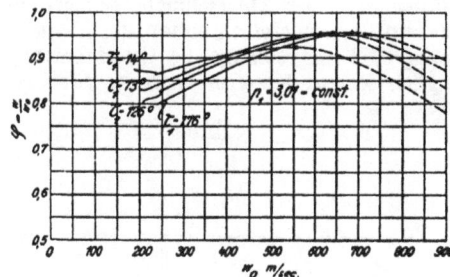

Fig. 14.

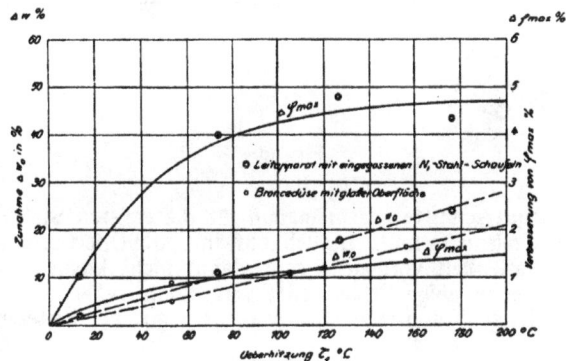

Fig. 15.

Art der Leitvorrichtung	Bezeichnung der Leitvorrichtung	Hauptabmessungen, Form und Ausführung.										
		Form siehe Figur	α	Axiale Baulänge mm	Kanalzahl	Material	Oberfläche		Engster Querschnitt ΣF_m cm²	Austritts-Querschnitt ΣF cm²	$\frac{\Sigma F}{\Sigma F_m}$	$\frac{d}{d_m} = \sqrt{\frac{\Sigma F}{\Sigma F_m}}$
							bis zur engsten Stelle	von engster Stelle bis Austritt				
Düse	1	4	19,6	72	1	Bronze	unbearbeitet	glatte Oberfläche	1,766	4,15	2,35	1,533
	2	16	20,1	63	1	do.	do.	do.	2,461	5,002	2,035	1,427
	3	17	19,7	45	1	do.	do.	do.	0,5568	1,466	2,632	1,623
	4	18	24,7	79	2	Gußeisen	do.	do.	2,06	12,94	6,28	2,51
	5											
	6	19	20,8	75	2	Bronze	beste Ausführg.	beste Ausführg.	3,584	4,284	1,185	1,087
	7	20	21,1	75	2	do.	do.	do.	3,668	7,116	1,940	1,393
Leitapparat	2	7	21,6	75	3	Gußeisen und Ni-St. Sch. eingegoss.	unbearbeitet	unbearbeitet	5,192	5,192	1	1
	1	21	21,2	75	3	do.	. do.	do.	5,245	5,245	1	1
	3	22	21,8	75	3	do.	do.	do.	5,730	5,730	1	1
	4	23	21,6	80	3	do.	do.	do.	5,573	5,573	1	1

c) Zusammenstellung der Werte φ_{max} bei verschiedener Form und Ausführung der Leitvorrichtungen (siehe Zahlentafel 5).

Hierzu ist noch folgendes zu bemerken:

Das Ausmessen der Querschnitte erfolgte mittels Feintaster und Mikrometerschraube; die Fehlergrenze beträgt ca. ± 0,02 mm, solange die Querschnitte selbst gut zugänglich waren; letzteres trifft zu für die Aus-

Dort sind einzelne Unebenheiten bis ca. 1 mm möglich; glatte und rauhere Stellen wechseln ab und der Kanal besitzt meist Vertiefungen an den Stellen, wo die Nickelstahlschaufeln ins Gußeisen eintreten; durch Nacharbeiten werden wohl diese Unebenheiten etwas beseitigt, jedoch nicht vermieden.

Das Ausmessen von Leitapparaten ist ungleich schwieriger und immer ungenauer trotz vieler Einzelmessungen (Fehlergrenze ± 2%).

Düse 2.

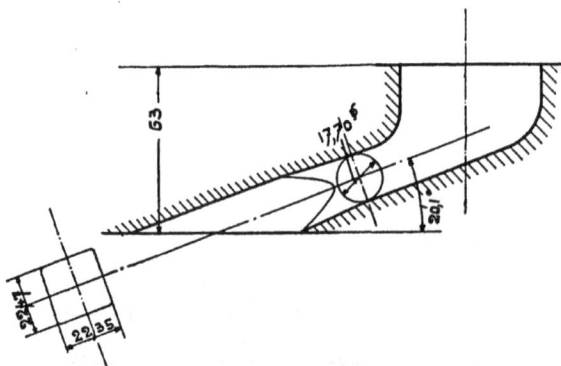

Fig. 16.

Düse 3

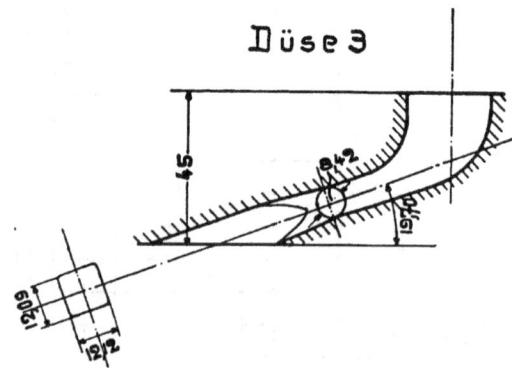

Fig. 17.

trittsquerschnitte allgemein und für die engsten Stellen mit Kreisquerschnitt; endlich muß eine gute Oberflächenbeschaffenheit vorhanden sein, damit nicht kleine Unebenheiten obige Fehlergrenze vergrößern.

Diese Voraussetzungen waren bei gut bearbeiteten Düsen meist erfüllt.

Bei Leitapparaten aus Gußeisen mit eingegossenen Nickelstahlschaufeln liegt die Sache wesentlich anders.

Das Erweiterungsverhältnis des Ausschnittsquerschnittes zum engsten Querschnitt $\frac{F}{F_m}$ ist auf die Messung in kaltem Zustand bei ca. 20° Raumtemperatur bezogen, wobei auch im Betrieb dasselbe erhalten bleiben soll bei der Annahme, daß die Leitvorrichtung durchweg eine mittlere Temperatur besitzt, deren Größe vom Dampfzustand abhängig ist.

tafel 5.

				Günstigste Betriebsbedingungen durch Versuch bei Sattdampf.						
p_1	t_1	τ_1	p_2	w	w_0	φmax	$\dfrac{p_2}{p_1}$	$\dfrac{w}{w_m}$	Dampfgewicht Kg/Sek. G	$\dfrac{G}{\Sigma F_m}$
4,02	151	8	0,445	800	845	0,946	0,111	1,788	0,1051	0,0596
6,025	159	1	0,650	813	860	0,944	0,108	1,808	0,1557	0,0882
9,87	186	7	1,02	834	885	0,942	0,104	1,802	0,2510	0,1422
4,98	157	6	0,665	765	820	0,932	0,133	1,686	0,1822	0,074
3,02	138	5	0,417	748	800	0,935	0,138	1,692	0,1106	0,0449
10,76	185	3	0,840	852	930	0,915	0,0781	1,850	0,0873	0,1571
8,84	176	2	0,760	840	916	0,918	0,0861	1,845	0,0724	0,1302
5,94	160	2	0,520	824	895	0,920	0,0874	1,870	0,0494	0,0886
4,00	146	3	0,155	957	1010	0,948	0,0387	2,145	0,1230	0,0597
8,00	170	0,5	0,305	966	1025	0,942	0,0381	2,160	0,2432	0,1180
4,98	158	7	1,450	617	660	0,937	0,291	1,372	0,2585	0,0722
3,00	144	11	0,880	611	650	0,940	0,294	1,392	0,1577	0,0439
4,99	155	4	0,735	763	800	0,952	0,147	1,694	0,2595	0,0708
2,96	144	11	0,452	751	785	0,955	0,150	1,684	0,1557	0,0426
2,01	139	18	0,865	504	540	0,932	0,430	1,13	0,1571	0,03028
3,04	148	14	1,250	512	555	0,922	0,412	1,14	0,2330	0,0449
3,99	146	2	1,52	530	580	0,915	0,381	1,19	0,3064	0,0590
2,02	139	18	0,756	544	579	0,938	0,374	1,23	0,1581	0,03016
3,04	156	23	1,10	555	600	0,925	0,362	1,22	0,2316	0,0442
3,03	140	7	1,145	541	579	0,933	0,378	1,22	0,2292	0,0401
4,00	146	2	1,45	548	595	0,922	0,362	1,23	0,306	0,0534
2,015	134	13	0,752	544	579	0,938	0,373	1,255	0,1555	0,0272
3,03	146	13	1,09	550	595	0,932	0,360	1,23	0,2308	0,0403
4,00	146	2	1,42	553	600	0,922	0,355	1,245	0,304	0,0546

Gleichzeitig ist ein Werfen und Verziehen der Leitschaufeln unter dem Einfluß der Temperatur unberücksichtigt geblieben.

Bezüglich der maximal erreichbaren Werte des Geschwindigkeitskoeffizienten φ bei Düsen ist zu bemerken, daß, abgesehen von den kleinen Änderungen

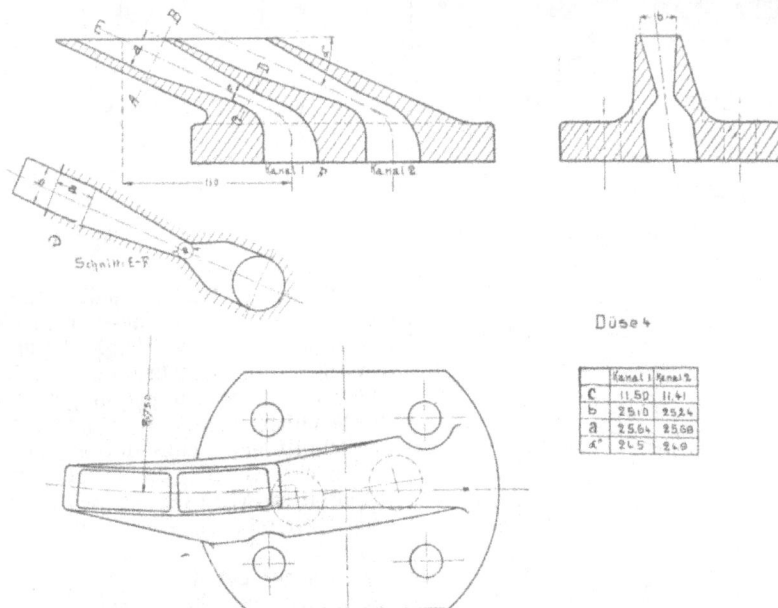

Fig. 18.

Das Ausmessen der Winkel erfolgte mittels eines Winkelmessers von L. S. Starret & Co., welcher sich für diese Zwecke gut eignet und ergibt eine mittlere Genauigkeit bis auf ca. ±0,2°; der angegebene Winkel α_1 ist der Mittelwert aus den einzelnen. Winkeln, welch letztere oft bis um ±1° unter sich verschieden waren.

±0,5%, die durch den wechselnden Anfangsdruck bedingt sind, mit zunehmender Geschwindigkeit w_0 eine geringe Zunahme von φ_{max} eintritt um ca. 1 bis 2%.

Eine Ausnahme hiervon macht nur die kleinste Düse Nr. 3 von ca. 8 mm engstem Durchmesser.

Der Einfluß der Oberflächenbeschaffenheit und die Form der Düse macht sich insofern bemerkbar, als die hochfein bearbeiteten Düsen Nr. 6 und 7 mit durch-

Fig. 19.

Fig. 20.

Fig. 21.

gängig □-Querschnitt schon bei geringeren Geschwindigkeiten höhere Werte von q_{max} besitzen, gegenüber den Düsen Nr. 1 bis 4, welche von einem kreisförmigen

engsten Querschnitt in einen fast quadratischen Austrittsquerschnitt übergehen.

Bei den letzteren wurde auch immer die Wahrnehmung gemacht, daß der Übergangsteil vom runden in den quadratischen Querschnitt größtenteils mit einer Oxydschicht beschlagen war, so daß also auf eine Strahlablösung von der Wandung zu schließen ist. Der quadratische Austrittsteil dagegen war metallisch blank und glänzend.

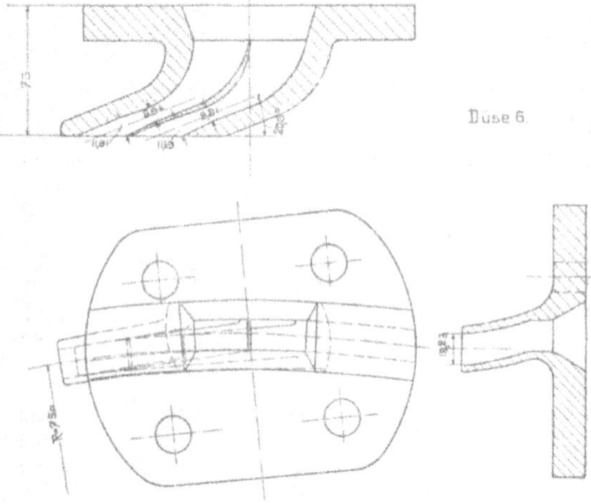

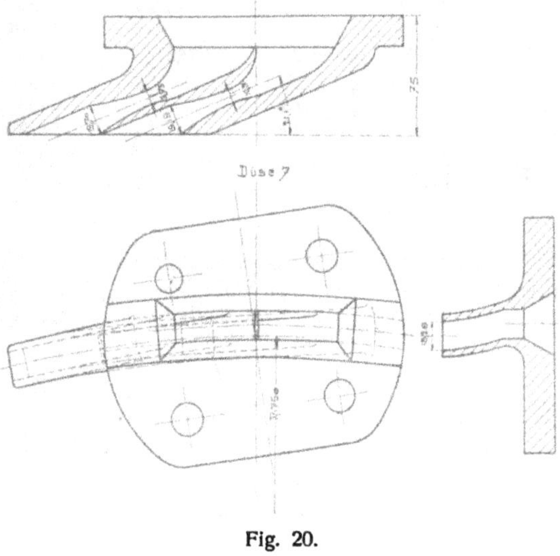

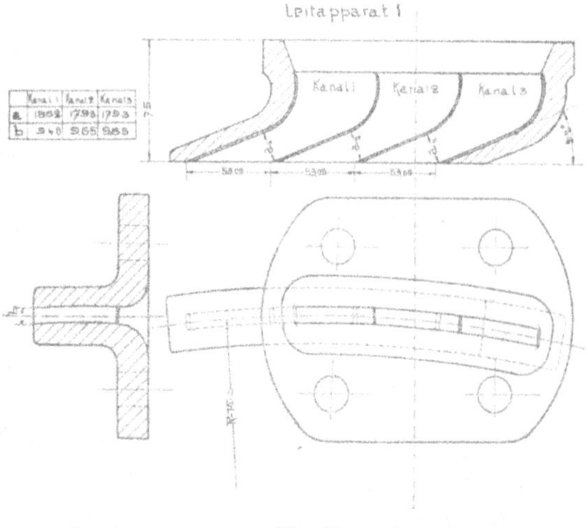

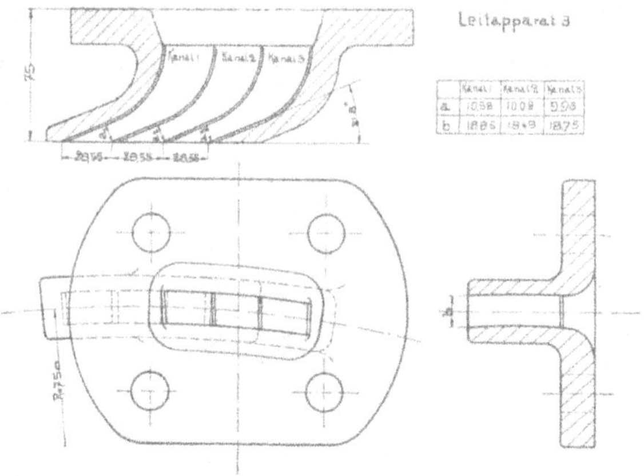

Fig. 22.

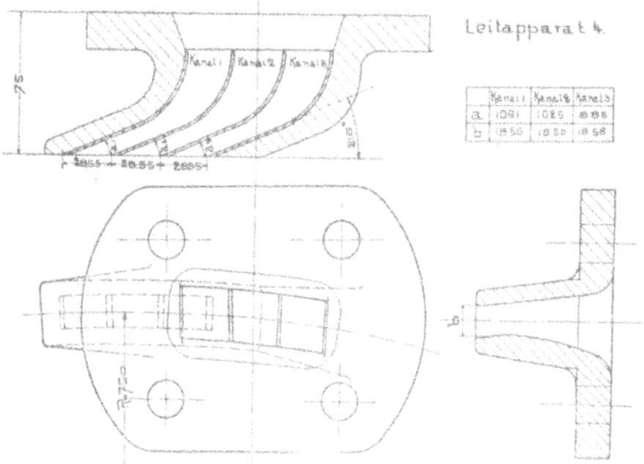

Fig. 23.

Die in der letzten Spalte ermittelten Werte G/F_m sind ebenfalls auf die Messung in kaltem Zustande bezogen, da nur relative Vergleiche hiermit angestellt werden sollen. In Fig. 24 sind die Werte G/F_m in Abhängigkeit vom Anfangsdruck p_1 aufgetragen. Die gemessenen Werte fallen, solange die Düsen Nr. 1 bis 4 mit Kreisquerschnitt an der engsten Stelle ins Auge gefaßt werden, gut in eine Gerade, da ja bekanntlich nahezu Proportionalität zwischen Dampfmenge G und Anfangsdruck p_1 nach Unterschreitung des kritischen Druckverhältnisses besteht.

Weniger gut decken sich jedoch die Versuchswerte bei Düsen mit durchgängig □ Querschnitt. Gleiche Meßgenauigkeit vorausgesetzt, dürfte in einer Kontraktion des Strahles, ähnlich wie bei den gußeisernen Leitapparaten, die Ursache der Abweichung zu suchen sein, so daß in diesem Falle die engste Stelle der Düse nicht mit der engsten Stelle des Strahles zusammenfällt, was weiterhin noch bestätigt wird bei einem Vergleich des Druckverhältnisses p_2/p_1 mit dem linearen Erweiterungsverhältnis $\frac{d}{d_m} = \sqrt{\frac{F}{F_m}}$, wobei alle Querschnitte auf den inhaltsgleichen Kreis bezogen sind, um einen direkten Vergleich mit Hilfe der sehr übersichtlichen Darstellung

$$\frac{d}{d_m} = f\left(\frac{p}{p_1}\right)$$

nach Rötscher (Fig. 10) zu ermöglichen. Es ist hieraus ersichtlich, daß das wirkliche Erweiterungsverhältnis beim Strömungsvorgang mit Reibung von dem theoretischen Erweiterungsverhältnis bei Annahme einer verlustfreien adiabatischen Expansion sich nur um wenige Prozent unterscheiden darf, um die günstigsten Bedingungen zu erreichen; anderseits aber würde die Berechnung der Düsen unter Annahme der bisher gebräuchlichen Energieverluste auch tatsächlich ein größeres Erweiterungsverhältnis ergeben; auf die weitere Begründung dieses Umstandes wird an späterer Stelle eingegangen werden.

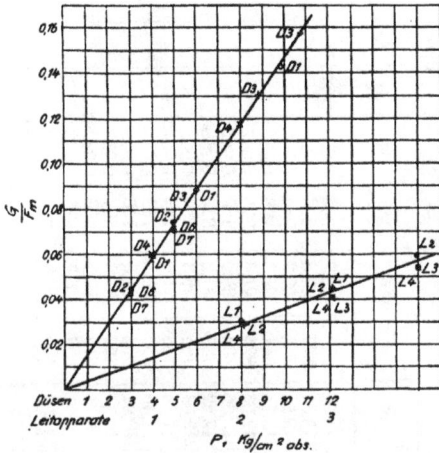

Fig. 24.

Endlich fallen die Werte $\frac{d}{d_m}$ für Düse Nr. 6 und für alle Leitapparate sogar unter die Kurve der theoretisch nötigen Erweiterung; die konstruktiv festgelegte Erweiterung ist im Falle der obigen Düse also gar nicht maßgebend, und bei den Leitapparaten tritt durch eine Kontraktion des Strahles bei der Umlenkung an den Leitflächen der schon früher erwähnte Düsencharakter auf.

Der Einfluß des verschiedenen Erweiterungsverhältnisses auf die Entstehung der Geschwindigkeit w bei den in der Tabelle angeführten Düsen ist aus der Charakteristik $w = f(\lambda)$ in Fig. 25 zu ersehen, ebenso gibt Fig. 26 die allgemeine Übersicht von $\varphi = f(w_0)$.

Allgemein ist nun noch zu bemerken, daß das Verhalten des Geschwindigkeitskoeffizienten φ der Energieumsetzung in einer Leitvorrichtung, gleichgültig, ob Düse mit Expansionsansatz oder Leitapparat mit parallelen Wandungen ganz gleichartig ist, und es entspricht jedem bestimmten Erweiterungsverhältnis $\frac{F}{F_m}$ ein ganz bestimmtes Maximum bei einem bestimmten Druckverhältnis entsprechend den theoretischen Forderungen.

Die Verbindungslinie der Maxima ist die Enveloppe an der Kurvenschar $\frac{F}{F_m} =$ konstant und ist der Berechnung neuer Dampfturbinen bzw. deren Leitvorrichtungen zugrunde zu legen. Zur Untersuchung einer Turbine mit gegebener Leitvorrichtung ist aber immer die Kurve $\frac{F}{F_m} =$ konstant zu benutzen, und eine genaue

Bilanz ist nur möglich unter Bezugnahme auf die Charakteristik des betreffenden Turbinenelementes, besonders da die Änderungen von φ außerordentlich mannigfaltig sind, je nach Änderung der Größen p_1, t_1, p_2 usf.

Vorstehende Ergebnisse stehen nun in vollem Einklang mit den früheren Untersuchungen und theoretischen Grundlagen, doch dürfte die Anwendung der Ergebnisse im praktischen Dampfturbinenbau wesentliche Änderungen in den Hauptabmessungen der bis jetzt gebauten Maschinen bedingen.

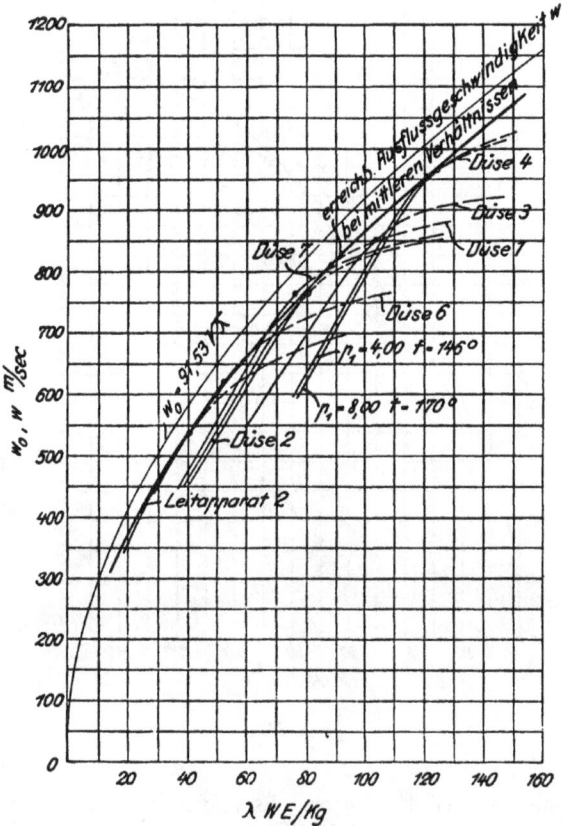

Fig. 25.

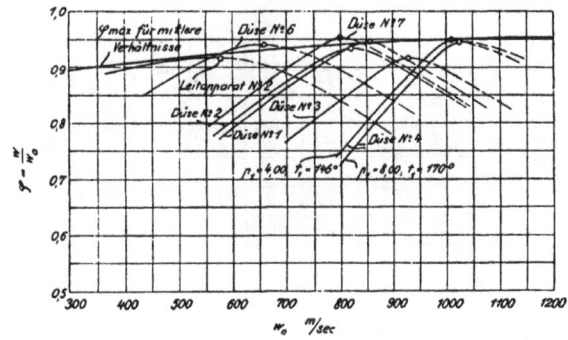

Fig. 26.

C. Leitvorrichtung mit Normalabschnitt und freier Expansion.

Die bei Leitvorrichtungen mit dem gebräuchlichen Schrägabschnitt jederzeit auftretenden Ablenkungen des Strahles aus der geometrischen Achse der Leitvorrichtung bei Expansion in den freien Raum haben den Verfasser veranlaßt, die gleichen Untersuchungen mit einer normal abgeschnittenen Düse zu machen. Hierzu wurde die in Fig. 4 dargestellte Düse Nr. 1a bei gleichen Anfangsbedingungen verwendet, um einen direkten Vergleich zu ermöglichen. Zahlentafel 6 gibt die erhaltenen Werte wieder, welche in den Fig. 27 u. 28 aufgetragen sind, gleichzeitig sind die Ergebnisse derselben Düse Nr. 1 mit dem ursprünglichen Schrägabschnitt

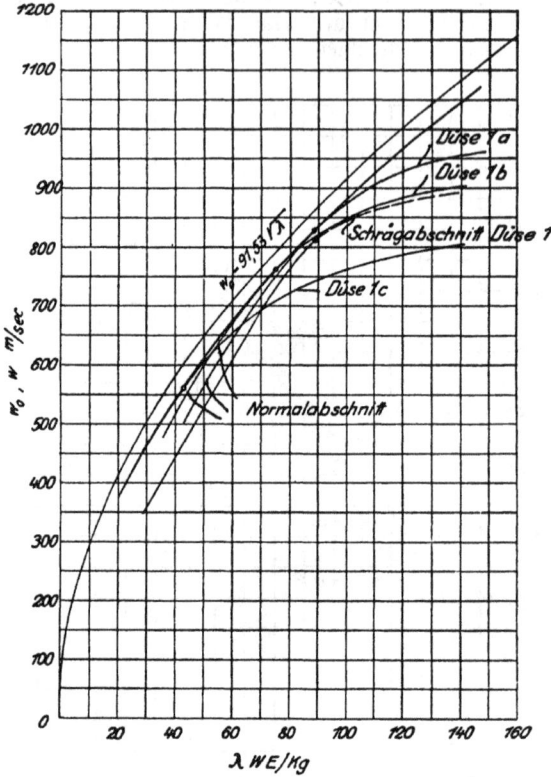

Fig. 27.

(Zahlentafel 1) eingetragen. Es zeigten sich dabei verhältnismäßig große Unterschiede, die durch folgende Ursachen bedingt wurden: Die wirkliche Austrittsgeschwindigkeit w bei der normal abgeschnittenen Düse

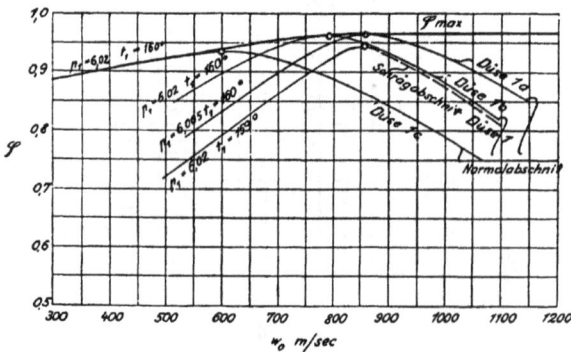

Fig. 28.

ist durchgängig höher unter sonst gleichen Bedingungen, somit findet auch eine Verbesserung des Geschwindigkeitskoeffizienten φ (um ca. 3% bei dem vorliegenden Fall) durchgängig statt, was sich daraus erklärt, daß beträchtliche Reibungsflächen gerade an Stellen höchster Dampfgeschwindigkeit fortgefallen sind.

Zahlentafel 6. Düse 1 a b c. Freie Expansion.

Versuchsreihe: Druck p_1 konstant; Temperatur t_1 konstant.

Düse 1 a, Fig. 4. (20. Mai 1911.)

p_1	t_1	τ_1	p_2	G	R	w	λ	w_0	φ
6,005	160	2	0,2015	0,1535	14,70	939	126,5	1029	0,912
			0,294		14,34	915	114,8	981	0,933
			0,395		14,00	894	105,2	939	0,952
			0,502		13,55	865	97,2	903	0,958
			0,610		13,16	840	90,4	870	0,965
			0,707		12,72	812	85,6	846	0,961
			0,823		12,33	787	80,1	820	0,960
			0,921		11,96	763	76,1	798	0,956
			1,018		11,54	736	72,3	779	0,945
			1,18		10,88	695	67,0	750	0,927
			1,38		10,16	648	61,0	715	0,908
			1,67		9,26	591	53,8	672	0,879
			1,99		8,37	534	47,0	628	0,851

Düse 1 b, Fig. 4. (31. Mai 1911.)

p_1	t_1	τ_1	p_2	G	R	w	λ	w_0	φ
6,02	160	2	0,180	0,1545	14,07	894	130,2	1044	0,856
			0,271		13,81	877	117,8	994	0,883
			0,388		13,51	858	106,2	944	0,909
			0,487		13,24	841	98,3	908	0,926
			0,591		12,96	824	91,4	875	0,942
			0,692		12,66	804	86,2	850	0,946
			0,797		12,42	789	81,2	824	0,958
			0,910		12,08	766	76,3	800	0,958
			1,034		11,74	746	71,6	774	0,964
			1,11		11,49	730	69,1	762	0,958
			1,31		10,91	694	62,8	726	0,956
			1,50		10,27	652	57,8	697	0,936
			1,70		9,75	619	52,9	666	0,930
			2,01		8,91	565	46,7	626	0,903
			2,51		7,83	496	37,6	562	0,884

Düse 1 c, Fig. 4. (1. Juni 1911.)

p_1	t_1	τ_1	p_2	G	R	w	λ	w_0	φ
6,02	160	2	0,188	0,1545	12,54	797	129	1039	0,767
			0,278		12,36	785	117	991	0,792
			0,384		12,17	773	106,6	945	0,818
			0,494		11,99	761	97,9	906	0,840
			0,605		11,78	748	90,6	872	0,857
			0,704		11,58	735	85,7	848	0,867
			0,807		11,40	724	80,8	823	0,880
			0,908		11,20	711	76,4	800	0,888
			1,025		11,00	699	71,9	777	0,901
			1,19		10,69	679	66,4	746	0,911
			1,39		10,21	648	60,5	712	0,911
			1,61		9,83	624	55,0	680	0,919
			1,78		9,51	604	51,2	655	0,923
			2,01		9,14	580	46,6	625	0,928
			2,24		8,69	552	42,3	589	0,928
			2,51		8,20	521	37,6	561	0,929
			2,77		7,75	492	33,5	530	0,928
			3,00		7,34	466	30,3	504	0,926
			3,50		6,42	407	23,8	447,5	0,911

Düse abgehobelt.

Von dem erreichten Höchstwert des Geschwindigkeitskoeffizienten φ, der für die Düse mit Schrägabschnitt und für diejenige mit Normalabschnitt bei nahezu gleicher Abszisse ($w_o = 860$ m) auftritt, findet nun bei der normal abgeschnittenen Düse auch ein Abfallen statt; dabei ist aber keine Ablenkung der Achse des Strahles von der geometrischen Achse der Leitvorrichtung wahrzunehmen bei Expansion in den freien Raum, wohl aber bleibt eine Ablenkung der einzelnen Dampfstrahlen bestehen entsprechend den theoretischen Grundlagen. Anderseits aber folgt daraus, daß die reine Spaltexpansion auch hier schädlich ist, hierzu kommt noch das Auftreten von Wirbelbildung an der Oberfläche des frei austretenden Strahles und Schwingungserscheinungen, wobei die Ansätze zu Schlierenbildung deutlich zu erkennen waren. Der Strahl selbst behält aber bei geringer Spaltexpansion auf eine beträchtliche Länge vollständig die geschlossene Form, wie es ja von den Strahlbildern von Lewicki u. a. bekannt ist.

Zusammenfassend ist somit der günstigste Anwendungsbereich einer Düse mit Normalabschnitt bedeutend größer, und außerdem bleibt der Charakter der richtigen Leitvorrichtung immer erhalten infolge Zusammenfallens der Achse des austretenden Strahles mit der geometrischen Achse der Leitvorrichtung; endlich ist jederzeit ein geringerer Verlust gegenüber der Düse mit Schrägabschnitt festgestellt.

Die Anwendung obiger Erkenntnis dürfte somit für den Turbinenbau bei zweckmäßiger Ausbildung des Leitapparates und der Laufschaufelung auch verschiedene Vorteile, insbesondere bei Regelung der Turbine, mit sich bringen.

D. Die verkürzte Düse bei verschiedenen Betriebsbedingungen.

Die bereits einmal abgehobene Düse Nr. 1a mit Normalabschnitt in Fig. 4 wurde nun weiterhin verkürzt unter Beibehaltung des Normalabschnittes, und zwar:

1. Bis ein vollständig runder Austrittsquerschnitt erreicht wurde, durch Wegnahme des prismatischen Ansatzes einschließlich Übergangteil vom runden im quadratischen Querschnitt Fig. 4, Düse 1b.
2. Bis zur engsten Stelle Fig. 4, Düse 1c.

Die zugehörigen Versuchswerte sind aus Zahlentafel 6 zu entnehmen; die zugehörige Charakteristik $w = f(\lambda)$ ist auch in Fig. 27 und das Verhalten des Geschwindigkeitskoeffizienten $\varphi = f(w_o)$ in Fig. 28 dargestellt. Gleichzeitig sind noch die früheren Ergebnisse der Düse mit Schrägabschnitt Nr. 1 und der Düse mit Normalabschnitt Nr. 1a eingetragen, um den gesamten Einfluß übersehen zu können.

Die Ergebnisse sind durchaus nicht überraschend und bestätigen die früheren Einzelergebnisse sehr schön, insbesondere folgt wiederum: der maximal erreichbare Geschwindigkeitskoeffizient φ bei richtigen Betriebsbedingungen nimmt mit steigender Geschwindigkeit zu.

E. Die Berechnung der Düsen auf Grund der richtigen Zustandskurve und die Abweichung gegenüber den früheren Annahmen durch willkürliche Einschätzung der Verluste.

Von obigem Ergebnis wird nun in folgendem weiterhin Gebrauch gemacht, um eine Düse richtig zu berechnen. Die einzelnen Punkte der Verbindungslinie der Maxima der Werte φ, also $\varphi_{max} = f(w_o)$, der analog die Charakteristik $w_{max} = f(\lambda)$ entspricht, stellen die jeweils richtigen Betriebsverhältnisse dar für eine dazu richtig bemessene Leitrichtung; folglich sind die daraus entnommenen Verlustwerte für die Festlegung der richtigen Zustandskurve im Entropiediagramm bzw. der Tafel von Mollier maßgebend, und hat als kennzeichnenden Unterschied gegenüber den bisherigen Annahmen die richtige zahlenmäßige Einschätzung der Verluste für jeden beliebigen Punkt auf Grund der vorliegenden Versuchsergebnisse.

Bekanntlich besteht die Berechnung der Düse lediglich in der Ermittelung des engsten Querschnittes F_m und des Austrittsquerschnittes F für ein bestimmtes Dampfgewicht G pro Sekunde bei einem gegebenen Druckverhältnis $\frac{p_2}{p_1}$; für $G = $const. wäre also zu einem gegebenen Druckverhältnis $\frac{p_2}{p_1}$ das Erweiterungsverhältnis $\frac{F}{F_m}$ zu bestimmen.

Nach den bisherigen Annahmen (vgl. Stodola 1910 S. 64 bis 68) setzt man die Energieverluste bis zum engsten Querschnitt praktisch Null, ferner sollen die Verluste von hier an bis zu rd. 10 bis 15% beim Austritt der Düse zunehmen; die richtigen Annahmen sind aber bis zum engsten Querschnitt rd. 10 bis 15% Energieverluste, welche mit zunehmender Geschwindigkeit w_o bei den gebräuchlichen untersuchten Ausführungsformen der Düsen auf rd. 6 bis 10% abnehmen.

Infolgedessen sind die nach der bisherigen Annahme gerechneten Düsen viel zu stark erweitert, was natürlich auch einen schlechten Wirkungsgrad bedingt [vgl. $\varphi = f(w_o)$]. Man hat nun im praktischen Dampfturbinenbau diese Erscheinungen längst erkannt und die Düsen mit absichtlich geringerer Erweiterung verwendet, als dem vorhandenen Druckverhältnis $\frac{p_2}{p_1}$ nach den bisher gebräuchlichen Annahmen rechnungsmäßig entspricht. Als Erklärung für diesen günstigen Umstand diente nun der Begriff „Spaltexpansion", wobei die Anschauung zugrunde gelegt wird, daß man den Strahl vorteilhafter mit geringerem Überdruck aus der Leitvorrichtung austreten läßt und im Spalt selbst eine weitere Expansion vom Druck p'_2 auf den Druck p_2 sich denkt; hierbei ist also $p'_2 > p_2$; die Düse selbst ist nun entweder für das Druckverhältnis $\frac{p'_2}{p_1}$ gerechnet oder sie ist für $\frac{p_2}{p_1}$ gerechnet, und das Erweiterungsverhältnis $\frac{F}{F_m}$ wird nun mittels eines Reduktionsfaktors verkleinert, was ja bei geeigneter Wahl der in Betracht kommenden Größe auf dasselbe herauskommt.

Diese Deutung ist aber vom Standpunkt der Ergebnisse dieser Forschung irrtümlich und bedingt eine Verschleierung der wirklichen Vorgänge, denn die Spaltexpansion ist schädlich nach zwei Richtungen:

1. Wegen Herabsetzung des Geschwindigkeitskoeffizienten φ.
2. Wegen der immer auftretenden Ablenkung der einzelnen Strahlelemente.

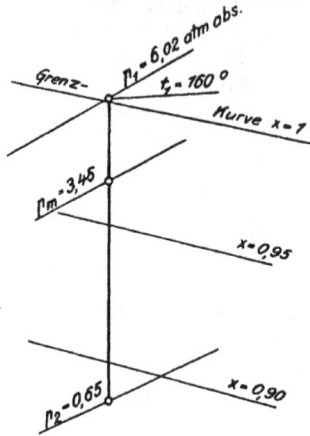

Fig. 29.

Anderseits ist aber hinreichend nachgewiesen, daß eine Düse mit zu großem Erweiterungsverhältnis $\dfrac{F}{F_m}$ gegenüber dem richtigen Druckverhältnis $\dfrac{p_2}{p_1}$ auf dem dem Nullpunkt zugekehrten Ast der Kurve $\varphi = f(w_0)$ arbeitet und somit einen schlechten Wirkungsgrad ergibt. Der weitere Beweis erstreckt sich daher auf den Nachweis eines zu großen Erweiterungsverhältnisses auf Grund der falschen Verlustunterteilung bei Berechnung der Düsen, und ist aus folgendem Beispiel zu entnehmen.

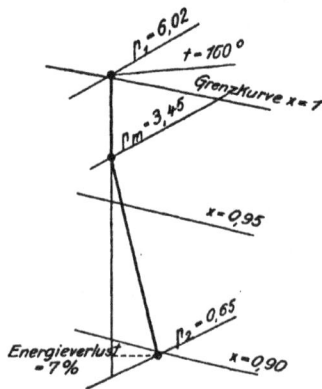

Fig. 30.

Berechnungsbeispiel des Erweiterungsverhältnisses $\dfrac{F}{F_m}$ einer Düse, wobei gegeben:

Düse Nr. 1a:
Vgl. Versuch vom 20. Mai
Zahlentafel 6 $\left\{\begin{array}{l} p_1 = 6{,}02\ \text{kg/cm}^2;\ t_1 = 160\ ^0\text{C} \\ p_2 = 0{,}65\ \text{kg/cm}^2 \end{array}\right.$

unter Annahme folgender Zustandskurven:

1. Reibungsfreier adiabatischer Strömung (Fig. 29),
2. mit Reibung verbundene Strömung,

wobei rd. 0% Energieverlust für $p_1 = 6{,}02$ kg/qcm bis $p_m =$ rd. 3,45 kg/cm und rd. 15% Energieverlust für $p_1 = 6{,}02$ kg/qcm bis $p_2 = 0{,}65$ kg/cm (Fig. 30).

3. Mit Reibung verbundene Strömung, wobei 0% Energieverlust für $p_1 = 6{,}02$ kg/qcm bis $p_m =$ rd. 3,45 kg/qcm und 7% Energieverlust für $p_1 = 6.02$ kg/qcm bis $p_2 = 0{,}65$ kg/qcm (Fig. 31).

4. Mit Reibung verbundene Strömung, wobei 16% Energieverlust für $p_1 = 6{,}02$ kg/qcm bis $p_m =$ rd. 3,45 kg/qcm und 7% Energieverlust für $p_1 = 6.02$ kg/qcm bis $p_2 = 0{,}65$ kg/qcm (Fig. 32).

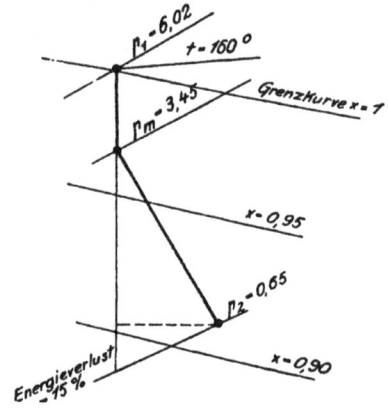

Fig. 31.

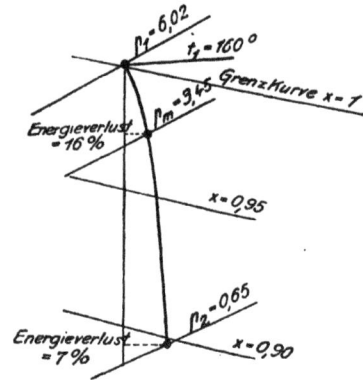

Fig. 32.

Die eigentliche Berechnung selbst erfolgt graphisch nach der von Stodola gegebenen sehr übersichtlichen v^2-Methode[13]) und ist aus Fig. 33 ersichtlich; als Abszissen sind aufgetragen die verarbeiteten Wärmegefälle λ pro 1 kg Dampf nach Annahme der Zustandskurve 1, 2, 3 und 4; die Ordinaten sind die Quadrate der spezifischen Volumina ($G = 1$ angenommen). Gleichzeitig ist in Abhängigkeit des verarbeiteten Wärmegefälles der Druckverlauf $p_2 = f(\lambda)$ eingetragen.

Die Verbindungslinien

$$0\,V_1,\ 0\,V_2,\ 0\,V_3\ \text{und}\ 0\,V_4$$

schneiden nun auf einer beliebigen Parallelen $A\,B$ zur Ordinatenachse die Strecken $A\,B_1$, $A\,B_2$, $A\,B_3$ und $A\,B_4$ ab, welche proportional dem Quadrate des gesuchten Endquerschnittes der Düse sind; ferner schneidet die Tangente $0\,V_{m1}$, $0\,V_{m2}$ usf. auf der gleichen Parallelen die Strecke $A\,C_1$, $A\,C_2$ usf. ab, welche proportional dem

13) Stodola, Dampfturbinen 1910, S. 67.

Quadrat des engsten Querschnittes der gesuchten Düse sind; es ist somit

$$\frac{F}{F_m} = \sqrt{\frac{A\,B}{A\,C}}$$

Über den Verlauf der V^2-Kurven wäre noch zu bemerken, daß gerade für die Zustandskurven 2 und 3 im Punkte $V_{m_{2,3}}$ ein Knick auftritt, welcher durch ein stetiges Kurvenstück ersetzt werden muß, um überhaupt eine Tangente von 0 aus zu erhalten.

Das vorhandene Erweiterungsverhältnis obiger Düse ist $\frac{F}{F_m} = 2{,}23$ (gemessen bei 20^0 Raumtemperatur), so daß mit der Berechnung nach Zustandskurve 4 und 1 eine gute Übereinstimmung besteht, welch letztere auch schon aus Fig. 10 zu ersehen war.

Insbesondere folgt für die Düsenberechnung 2 und 3, daß sich das Erweiterungsverhältnis viel zu groß ergibt, und zwar um ca. 16 bis 8%, je nachdem die genannten Verluste in der Düse falsch oder richtig eingeschätzt

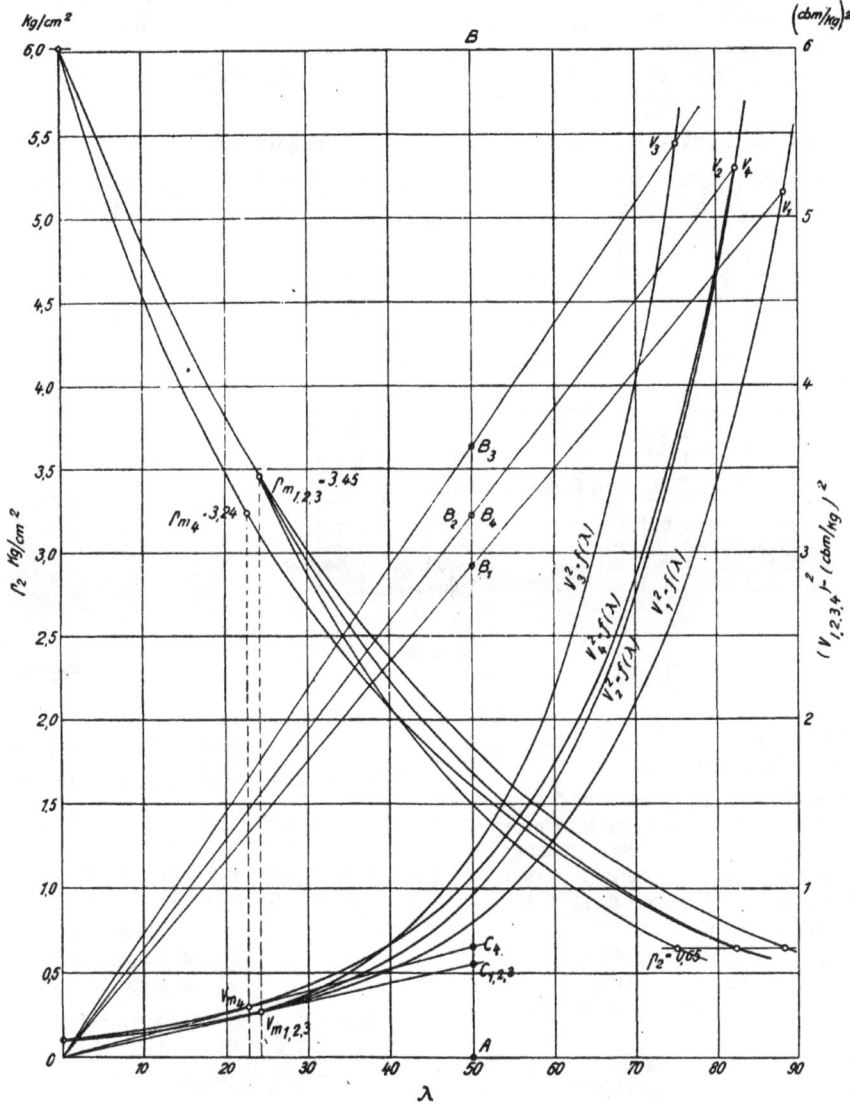

Fig. 33.

Nachfolgende Zahlentafel enthält die graphisch ermittelten Berechnungsdaten (in Millimeter abgegriffen).

Zustandskurve	1	2	3	4
A B = c · F²	292	364	323	323
A C = c · F²m	57	57	47	64
F/Fm	2,265	2,565	2,385	2,215
Unterschied von F/Fm gegenüber Zustandskurve 4	0,050	0,350	0,170	0
Unterschied in %	+2,3	+15,8	+7,70	0

bzw. gemessen werden; dabei ist aber die Möglichkeit von Fehlern in der Herstellung, etwaiger Kontraktionserscheinungen und endlich noch der Einfluß von Wärmedehnungen unberücksichtigt geblieben, wobei aber gegebenenfalls obige Abweichungen leicht auf ca. 10 bis 25% anwachsen können; eine solche Düse ist dann eben ganz beträchtlich minderwertig bezüglich des Wirkungsgrades der Energieumsetzung bei den rechnungsmäßig festgelegten Betriebsbedingungen.

Hieran anschließend ist auch der Verlauf der Druckkurve sehr bemerkenswert insofern, als der Druck in der engsten Stelle p_{m_4} bei dem Strömungsvorgang mit Berücksichtigung der Reibung nach Zustandskurve 4 sich als wesentlich geringer herausstellt als derselbe bei Annahme verlustfreier adiabatischer Expansion bis zur engsten Stelle (Zustandskurve 1 bis 3), und zwar ist

$$p_{m1,\,2,\,3} = \text{rd. } 3,45 \text{ kg/qcm,}$$
$$p_{m4} = 3,24 \quad „$$

was den gut meßbaren Unterschied von rd. 0,21 kg/qcm ergibt; es sei hiermit ferner festgestellt, daß also dann selbst bei einer Mündung bzw. Leitapparat bei Berücksichtigung der Reibung allein der tatsächliche Druck in der Mündung bei Unterschreitung des kritischen Druckverhältnisses an und für sich kleiner werden muß, als der sog. kritische Druck p_m. Diese Feststellung ist deshalb wichtig, weil hieraus weiter folgt, daß selbst bei Wahl der Austrittsgeschwindigkeit aus dem Leitapparat größer als die Schallgeschwindigkeit also $c_1 > w_m$ $(= 323\sqrt{p_1 v_1})$ noch keine „Spaltexpansion" vorliegen muß, was ein weiteres Beweisglied für die Möglichkeit und Richtigkeit der Versuchsergebnisse bildet.

Nach Th. Meyer[16]) ist der Ablenkungswinkel ω des Gasstrahles, der vom Druckgebiet p_1 kommend, in der Leitvorrichtung auf den Mündungsdruck p_2 expandiert und von hier aus auf den Druck p'_2 im Gegenraum

$$\omega = \nu' - \nu$$

wobei

$$\nu' = f\left(\left(\frac{p'_2}{p_1}\right),\, x\right)$$

und

$$\nu = f\left(\left(\frac{p_2}{p_1}\right),\, x\right)$$

Der Verlauf der ν-Kurven für Sattdampf ($x = 1,135$), überhitzten Dampf ($x = 1,3$) und für Luft ($x = 1,405$) in Abhängigkeit des Druckverhältnisses $\frac{p}{p_1}$ ist in Fig. 34 dargestellt und dient zur weiteren Erklärung dieser Vorgänge. Es ist hieraus folgendes zu entnehmen:

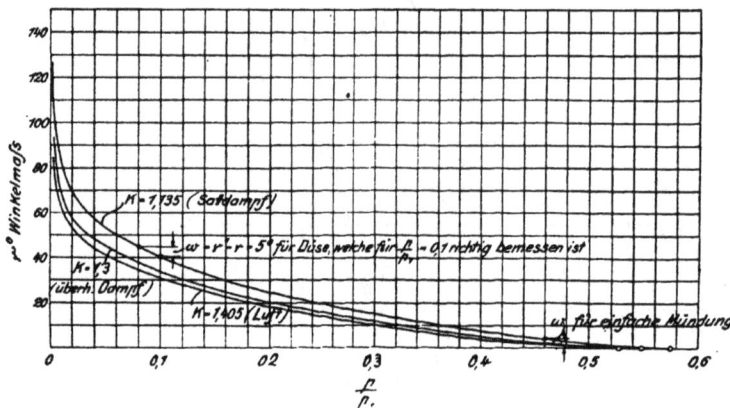

Fig. 34.

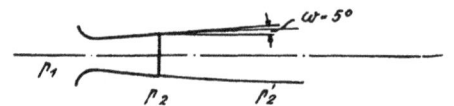

Fig. 35.

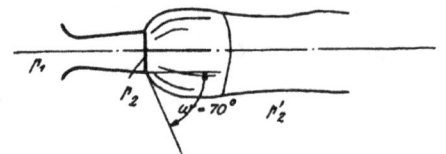

Fig. 36.

F. Strömungsvorgänge bei Spaltexpansion.

Die Spaltexpansion hat scheinbar in der letzten Zeit eine hohe Bedeutung erlangt, wenigstens werden der Anwendung von „Spaltexpansion" verschiedene Vorteile (betreffend Verbesserung der Energieumsetzung in Leit- und Laufrad) zugeschrieben, nach den Erfahrungen von bekannten Dampfturbinenfabriken.

Es ist daher hier der Ort, auf diese Vorgänge näher einzugehen, besonders nachdem die Möglichkeit einer Spaltexpansion durch die Versuche entschieden bestätigt wird.

Der Verfasser geht dabei aus von den Forschungen und theoretischen Untersuchungen der Herren Prandtl[13]), Magin und Th. Meyer[14]), wobei insbesondere letzterer wertvolles Material bringt, welches über das Wesen der Spaltexpansion richtigen Aufschluß geben kann im Zusammenhang mit den Beobachtungen des Verfassers. Es handelt sich hierbei vor allem um die Ablenkung eines Gasstrahles für die verschiedenen Druckverhältnisse bei „Spaltexpansion" im Sinne des Turbinenbaues, wenn bekannt sind

Druck p_1 vor Leitvorrichtung,
„ p_2 in Austrittsebene der Leitvorrichtung
und „ p'_2 im Gegenraum[15]).

Ist z. B. eine Düse Sattdampf für das Druckverhältnis $\frac{p_2}{p_1} = 0,1$ richtig bemessen, also daß p_2 in der Austrittsebene der Düse auch tatsächlich vorhanden ist, und es findet dann z. B. eine weitergehende Expansion im Außenraum auf den Druck p'_2 statt, wobei z. B. $p'_2 = 0,08$ sei, so ist die Winkelablenkung

$$\omega = \nu' - \nu$$
$$\omega = \text{rd. } (45^0 - 40^0)$$
$$\omega = 5^0.$$

Für die Düse mit Normalabschnitt ist dieser Vorgang in Fig. 35a dargestellt. Für den Fall der Ausströmung in hohes Vakuum, z. B. $\frac{p'_2}{p_1} = 0,03$, wäre die Ablenkung $\omega = \text{rd. } 70^0$ (vgl. Fig. 36).

Aus diesen beiden typischen Figuren erklärt sich ferner das schwache Steigen der Charakteristik $w = f(\lambda)$ bei Spaltexpansion, weil eben nur die Komponente in Richtung der geometrischen Achse der Leitvorrichtung zur Geschwindigkeitserhöhung, welche mittels Reaktionsdruck bestimmt wird, beiträgt.

Weiterhin ist zu ersehen aus dem Verlauf der Kurve $\nu = f\left(\frac{p}{p_1}\right)$, daß gerade in der Nähe des kritischen Druckverhältnisses $\frac{p_m}{p_1}$ eine sehr kleine Winkeländerung der Strahlen stattfindet, womit besonders für einfache

[13]) Physikalische Zeitschrift 1907 S. 21.
[14]) Mitteilungen über Forschungsarbeiten Heft 62.
[15]) Die Buchstaben-Bezeichnungen weichen von den von Th. Meyer gewählten ab, um in Übereinstimmung mit den vorausgehenden Bezeichnungen dieser Abhandlung zu bleiben.

[16]) Mitteilung über Forschungsarbeit Heft 62, S. 43 u. s. f.

Mündungen und auch für Leitapparate folgt, daß hierbei Spaltexpansion in verhältnismäßig größerem Umfang zulässig wäre als bei ausgesprochenen Düsen, falls man erstere überhaupt anwenden will.

Ferner bedingt der Umstand, daß die Austrittsebene normal zur Achse der Leitvorrichtung verläuft, und die dabei vorhandenen Symmetriebedingungen bezüglich der Druckverteilung im Austrittsquerschnitt, daß die Achse des austretenden Strahles auch bei Spaltexpansion mit der geometrischen Achse der Leitvorrichtung zusammenfällt.

Ganz anders aber liegen die Verhältnisse für den Turbinenbau, wenn man von der bis jetzt gebräuchlichen Leitvorrichtung mit Schrägabschnitt ausgeht.

Leitvorrichtungen mit Schrägabschnitt eine Ablenkung der Achse des austretenden Strahles von der geometrischen Achse der Leitvorrichtung bei ausgesprochener Spaltexpansion.

Es bleibt also in diesem Falle nicht einmal der Charakter der richtigen Leitvorrichtung erhalten, weil eben ganz unzulässige Änderungen der Leitwinkel auftreten, was dann besonders im Zusammenarbeiten mit der Laufschaufel zu ganz beträchtlichen Energieverlusten einer Turbine mit ausgesprochener Spaltexpansion führen würde (Rückenstöße auf die Laufschaufelung). Damit dürfte die zurzeit bestehende Meinung von den Vorteilen der Spaltexpansion, solange man sich mit den gebräuchlichen Ausführungen der Leitvorrichtung mit Schrägabschnitt begnügt, widerlegt sein, und mit besonderer Berücksichtigung der Erfah-

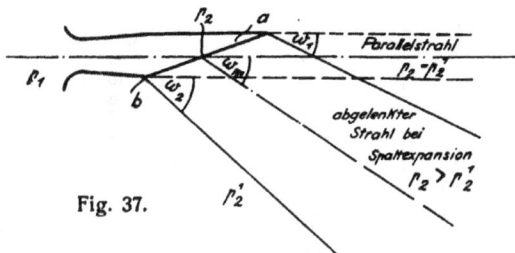

Fig. 37.

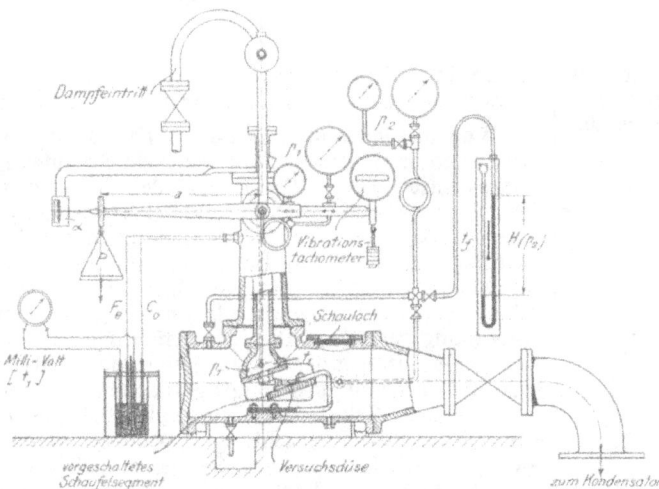

Fig. 38.

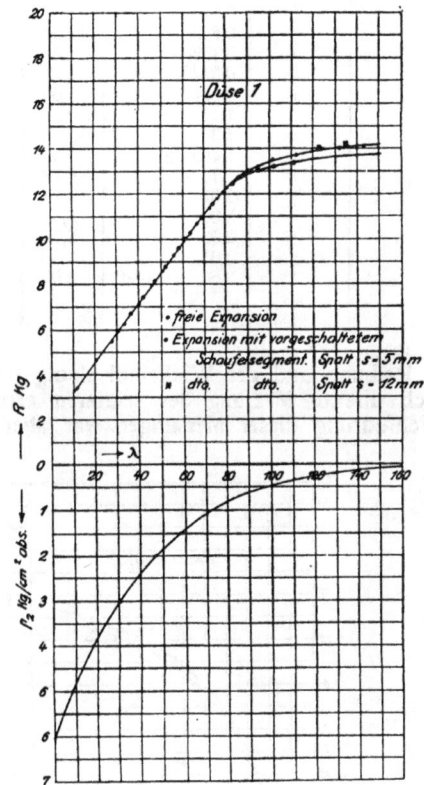

Fig. 39.

Die Ablenkung der einzelnen Strahlen, die durch das Druckverhältnis $\left(\frac{p_2}{p_1}\right.$ bzw. $\left.\frac{p_2'}{p_1}\right)$ bestimmt wird, ist natürlich auch vorhanden. Die Darstellung des Vorganges der Spaltexpansion ist in Fig. 37 veranschaulicht.

Hierbei nimmt der Verfasser gleichzeitig Bezug auf die Untersuchungen Stodolas[17]) über die Druckverteilung in einer mit Überdruck (Spaltexpansion) arbeitenden Düse. Es erfolgt beim Austritt aus Ecke a (spitzer Winkel) eine geringe Strahlablenkung, weil nahezu vollständiger Druckausgleich erreicht ist; an der Ecke b (stumpfer Winkel) findet infolge des sehr hohen Überdruckes eine erhebliche Ablenkung der austretenden Dampfstrahlen statt. Als weitere Folge dieser unsymmetrischen Druckverteilung ergibt sich nun bei den gebräuchlichen

rungen des praktischen Turbinenbaues sei hiermit nochmals erwähnt: Der Fehler in der Berechnung der Leitvorrichtungen auf Grund der falschen Zustandskurve (zu großes Erweiterungsverhältnis) wurde größtenteils eliminiert durch richtige Betriebsbedingungen derselben, indem entsprechend der zu starken Erweiterung ein geringerer Gegendruck gewählt wurde; die Einführung des Begriffes „Spaltexpansion" als Erklärung für die angetretene Verbesserung ist aber gänzlich verfehlt.

Die Charakteristik $w = f(\lambda)$ bei Spaltexpansion verläuft nun bei der Leitvorrichtung mit Normalabschnitt fast genau so wie diejenige einer Leitvorrichtung mit Schrägabschnitt (vgl. Fig. 28). Hieraus dürfte auf ein gemeinsames Gesetz für die jedesmal fast gleichartig stattfindende Ablenkung der einzelnen Flüssigkeitsstrahlen zu schließen sein. Die Ablenkung der Achse des austretenden Strahles von der geometrischen Achse der Leitvorrichtung ist

[17]) Stodola, Dampfturbinen 1910 S. 97.

aber eine spezifische Eigenschaft der Leitvorrichtung mit Schrägabschnitt. Aus der Messung des Reaktionsdruckes allein läßt sich aber einstweilen die Größe der mittleren Ablenkung nicht berechnen, und eine richtige Trennung des Anteils

Immerhin ergibt aber Fig. 34 vorläufig ein für praktische Verhältnisse hinreichend genaues Bild über die Größenordnung der etwa auftretenden Winkelablenkung des austretenden Strahles von der geometrischen Achse der Leitvorrichtung.

Zahlentafel 7. Düse 1.
Versuchsreihe: Druck p_1 konstant, Temperatur t_1 konstant;

Schaufelsegment vorgeschaltet								Freie Expansion							
Spalt $S = 5$ mm (*) $S = 12$ mm) Datum: 6. März 1911								Datum: 20. Februar 1911							
p_1	t_1	τ_1	p_2	G	R	R_{red}	λ	p_1	t_1	τ_1	p_2	G	R	R_{red}	λ
6,03	160	2	0,154	0,1559	14,23*)		134,8	6,025	159	1	0,114	0,1557	14,12		143
			0,234		14,03*)		122,2				0,222		14,00		123,8
			0,338		13,36		110,7				0,322		13,70		112,0
			0,442		13,22		102,0				0,444		13,51		101,5
			0,545		13,07		94,6				0,535		13,23		95,0
			0,649		12,82		88,6				0,598		13,03		91,2
			0,755		12,44		83,5				0,704		12,74		85,7
			0,844		12,07		79,5				0,816		12,28		80,4
			0,984		11,56		73,7				0,912		11,80		76,2
			1,13		10,97		68,6				1,01		11,36		72,7
			1,30		10,22		63,2				1,18		10,68		66,4
			1,495		9,59		58,0				1,39		9,90		60,6
			1,76		8,78		51,6				1,58		9,28		55,8
			2,01		8,14		46,7				1,80		8,60		50,8
			2,30		7,41		41,2				2,04		7,94		46,0
			2,58		6,73		36,4				2,37		7,11		40,0
			3,01		5,95		30,2				2,76		6,24		33,8
			3,68	0,1480	5,02		21,5				3,16		5,47		28,1
											3,80	—	4,46		20,3

der Reibung und der Winkelablenkung ließe sich nur durch direkte Messung der letzteren erreichen. Die Durchführung dieser Messungen war aber seitens des

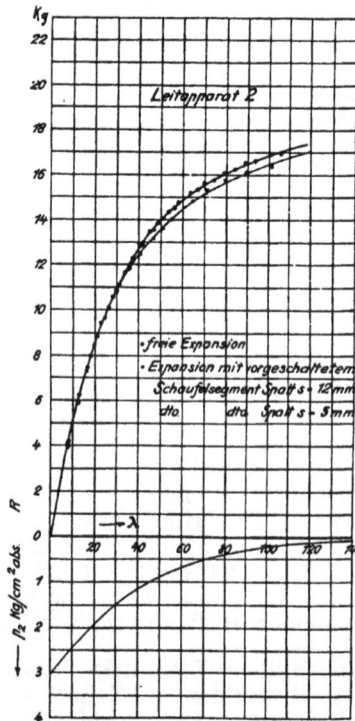

Fig. 40.

Verfassers mangels verfügbarer Zeit nicht mehr möglich, da außerdem hierdurch ein nochmaliger Umbau der Versuchseinrichtung bedingt gewesen wäre.

G. Leitvorrichtung mit Schrägabschnitt und vorgeschaltetem Laufschaufelsegment.

Von besonderem Interesse dürfte wohl der Fall sein, wenn der Leitvorrichtung noch ein Schaufelsegment vorgeschaltet wird. Wie ja aus den Untersuchungen Stodolas bekannt ist, hat die vorgeschaltete Laufschaufel einen Einfluß auf die Druckverteilung in der Leitvorrichtung und eventuell auch auf die durchfließende Menge des Dampfes. Um nun hierüber näheren Aufschluß zu erhalten, wurde die in Fig. 38 dargestellte Anordnung getroffen. Die Leitvorrichtung war wie bisher am Düsenträger der Wage befestigt, das Laufschaufelsegment wurde an einen Bügel geschraubt, und letzterer war mit dem Gehäuse fest verbunden, konnte aber in der angegebenen Pfeilrichtung verschoben werden, wodurch eine Veränderung des Spaltes erreicht wurde.

Die Größe des Spaltes konnte aber nicht beliebig verringert werden und betrug im Minimum rd. 4 mm, wobei die Wage noch frei um den Nullpunkt spielte und eine genaue Messung des Reaktionsdruckes R möglich war.

Beifolgende Zahlentafeln 7 u. 8 enthalten die auf gleiche Weise wie bei der freien Expansion gemessenen Zahlenwerte, welche in Fig. 39 u. 40 aufgetragen sind.

Wie ersichtlich, tritt nun von einem bestimmten Druck p_2 an bei geringem Spalt eine Verminderung des Reaktionsdruckes R und mithin auch der mittleren Ausströmungsgeschwindigkeit w um rd. 3 bis 5 % ein, was wohl darauf zurückzuführen ist, daß im Spalt ein Überdruck herrscht und erst während bzw. nach Durchströmen der Laufschaufel ein Druckausgleich erfolgt; es ist also der mittlere Druck unmittelbar vor Eintritt in die Laufschaufel p'_2 von dem Druck nach Austritt aus der Laufschaufel p_2 verschieden, und zwar ist $p'_2 > p_2$. Da der Druck p_2 nur gemessen werden konnte und alle Werte hierauf bezogen sind, erscheint also der Reaktionsdruck mit vorgeschalteter Laufschaufel gegenüber demjenigen bei freier Expansion verkleinert.

Die Verminderung des letzteren ist um so größer, je geringer der Spalt ist, bei Spaltgrößen von rd. 10 mm aufwärts ist aber schon wieder eine genügende Übereinstimmung mit den Versuchswerten bei freier Expansion zu bemerken.

Die Kontrollmessung der durch die Leitvorrichtung fließenden Dampfmenge durch Kondensatwägung ergab eine befriedigende Übereinstimmung bis auf rd. $\pm\,1\%$, was in geringen unvermeidlichen Abweichungen von p_1 und t_1 begründet ist. Dieser Betrag ist bei genauer Durchrechnung bezüglich der Änderung des Reaktionsdruckes noch zu berücksichtigen, und zwar erfolgte eine Berichtigung im Verhältnis der gemessenen Kondensatmengen.

Ferner ist aus der Tabelle bzw. der graphischen Aufstellung zu entnehmen, **daß der Reaktions-druck R bei gleichen Anfangsbedingungen (p_1, $t_1 =$ const.) keinerlei Änderung durch Vorschaltung einer Laufschaufel erfährt, solange die Expansion ausschließlich im Innern der Leitvorrichtung selbst stattfindet.**

Dagegen wird durch die vorgeschaltete Laufschaufel die Möglichkeit der Expansion in den Spalt herabgesetzt, was ja ganz erklärlich ist, indem eben durch den verringerten Querschnitt und die Strahlumlenkung in der Laufschaufel eine Stauwirkung auftreten muß.

Von diesem Ergebnis wird ferner bei den Schaufeluntersuchungen Gebrauch gemacht, um den Koeffizienten ψ einigermaßen zuverläßlich ermitteln zu können.

II.

Untersuchungen an Laufschaufelsegmenten.

Die Untersuchungen erstrecken sich im vorliegenden Falle ebenfalls auf ruhende Schaufeln, um Aufschluß über die Strömungsvorgänge zu erhalten, wie sie auch in ähnlicher Weise von den meisten anderen Forschern gemacht wurden und geben natürlich nicht direkte Zahlen für die Konstruktion, liefern aber wohl eine ganz allgemeine Übersicht über die maßgebenden Erscheinungen.

1. Grundlagen für Durchführung der Versuche zur Bestimmung des Koeffizienten ψ.

Strömt aus einer Leitvorrichtung, deren Achse unter einem Winkel α geneigt ist, Dampf auf eine Laufschaufel, deren Austrittswinkel β beträgt (Fig. 41), so ist unter Annahme eines stoßfreien Eintritts, der auf das Schaufelsegment ausgeübte Aktionsdruck

$$R' = \frac{G}{g}\,(w_1 \cos \alpha + w_2 \cos \beta) \;.\;.\;.\;.\;.\;.\; 1)$$

Hierbei ist:

$w_1 =$ mittlere Dampfgeschwindigkeit vor Eintritt in die Laufschaufel, m/sek.

$w_2 =$ mittlere Dampfgeschwindigkeit bei Austritt aus der Laufschaufel, m/sek.

a) Gleichdruckschaufel.

Für den Fall $p'_2 = p_2$, also Druck im Spalt p'_2 = Druck auf Laufschaufelaustrittseite p_2, ist ja zweifellos $w_2 < w_1$, was bedingt ist durch die auftretenden Verluste in der turbulenten Strömung, welche ihrerseits wieder zerfallen nach den jetzigen Annahmen:

in Verluste durch Kantenwiderstand, Reibung des Dampfes an der Schaufeloberfläche, Umlenkungswiderstand, dazu kommt noch als hauptsächlichste Größe die innere Reibung der turbulenten Strömung und eventuell Verluste durch Aufzehrung eines Teiles der Energie durch Schwingungen nach Überschreitung der Schallgeschwindigkeit.

In der Regel sind aber obige Verluste nur in ihrer gesamten Wirkung angenommen und werden ausgedrückt durch den Geschwindigkeitskoeffizienten ψ derart, daß

$$w_2 = \psi \cdot w_1,$$

wobei also $\quad\psi < 1.$

b) Überdruckschaufel.

Die Bedingungen hierfür sind:

$$p'_2 > p_2,$$
$$w_2 \gtrless w_1,$$
$$\psi \gtrless 1.$$

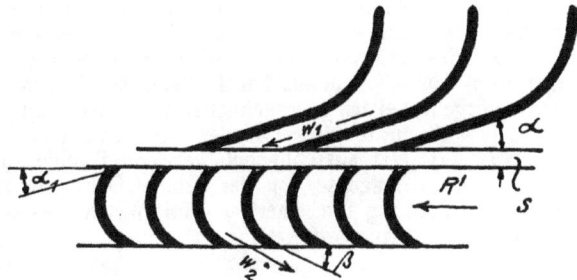

Fig. 41.

Während nun im Falle a) ψ immer als reine Verlustzahl anzusehen ist, ist dieses im Falle b) ausgeschlossen, da hierbei ψ den summarischen Anteil der Verluste und einer Reaktionswirkung zum Ausdruck bringt. Im letzteren Falle ist also dann der absolute Zahlenwert allein nicht maßgebend für die auftretenden Schaufelverluste, dafür aber ist das Verhalten der Zahl ψ um so wichtiger für die richtige Beurteilung der Strömungsverhältnisse in der Laufschaufel.

Anderseits möchte der Verfasser von vornherein erwähnen, daß ein beliebiges Schaufelprofil weder als Gleichdruckschaufel allein noch als Überdruckschaufel bezeichnet werden kann. Jedes beliebige Schaufel ist nämlich Gleichdruck- und Überdruckschaufel je nach den Geschwindigkeitsgrenzen und je nach der gegenseitigen Dimensionierung der dazu verwendeten Leitvorrichtung, Laufschaufel und Spaltgröße.

Die Faktoren:
Leitvorrichtung, Laufschaufel, Spaltgröße und
Geschwindigkeit w
zusammen lassen erst entscheiden, ob Gleichdruck- oder Reaktionswirkung vorliegt.

Zur Berechnung des Geschwindigkeitskoeffizienten ψ wird folgender Weg eingeschlagen, wobei alle gemessenen Größen auf die sog. Gleichdruckschaufel bezogen sind und der Zahlenwert $\psi \gtrless 1$ selbst wird dann je nach seinem absoluten Betrag zeigen, ob reine Aktion oder auch Reaktion in der Schaufel vorgelegen hat.

Der gesamte gemessene Druck auf das Laufschaufelsegment ergibt sich zu

$$R' = \frac{G}{g} \cdot w_1 \cos \alpha + \psi \cdot \frac{G}{g} \cdot w_1 \cos \beta$$
$$= \frac{G}{g} \cdot w_1 (\cos \alpha + \psi \cos \beta)$$
$$R' = R \cdot (\cos \alpha + \psi \cos \beta). \quad \ldots \ldots \quad 2)$$

Hierbei ist:

$R =$ Reaktionsdruck der Leitvorrichtung bei vorgeschalteter Laufschaufel bei gleichen Anfangsbedingungen ($p_1 =$ const.; $t_1 =$ const.).

Aus Gleichung 2 folgt nun:

$$\psi = \frac{R' - R \cos \alpha}{R \cos \beta} = \frac{1}{\cos \beta} \left(\frac{R'}{R} - \cos \alpha \right) \quad . \quad 3)$$

Vorstehende Gleichung 3 hat noch als besondere Bedingung, daß G bei beiden Versuchen konstant ist. Inwieweit diese Bedingung erfüllt ist, wurde jederzeit durch Versuch festgestellt, indem als Kontrollmessung bzw. zur Korrektur der gemessenen Drucke R' u. R das Dampfgewicht G pro Sekunde durch Kondensatmessung immer bestimmt wurde.

Gleichung 3 ist nun auch direkt anwendbar und gibt richtige Zahlenwerte für den Laufschaufelkoeffizienten ψ, solange die Expansion vom Anfangsdruck p_1 bis auf den Gegendruck p_2 sich ausschließlich im Innern der Leitvorrichtung selbst vollzieht. Im anderen Falle, also bei Leitvorrichtung mit Überdruckwirkung (Spaltexpansion) würde, wie ja aus dem 1. Teil dieser Forschungen hervorgeht, bei den gebräuchlichen Leitvorrichtungen mit Schrägabschnitt (diese wurden bei den Schaufelversuchen bis jetzt ausschließlich verwendet) eine Ablenkung der Strahlachse von der geometrischen Achse der Leitvorrichtung um einen ω erfolgen, so daß der eigentlichen Zuleitungswinkel

$$\alpha' = \alpha + \omega$$

wird.

Gleichung 3 geht also dann über in die Form:

$$\psi = \frac{1}{\cos \beta} \left(\frac{R'}{R} \cos \omega - \cos (\alpha + \omega) \right) \ldots \quad 3a)$$

Nach dem gegenwärtigen Stand der vorliegenden Forschung ist aber ω seinem absoluten Zahlenbetrag nach noch nicht genau bekannt für jedes beliebige Druckverhältnis $\frac{p_2}{p_1}$ und die weitere Ermittlung des Laufschaufelkoeffizienten ψ mußte daher einstweilen auf das allgemeine Verhalten, welches in einem Beispiel gezeigt wird, beschränkt werden.

Für den Fall, daß stoßfreier Eintritt nicht vorhanden ist, also Winkel α der Leitvorrichtung von dem Eintrittswinkel α_1 der Laufschaufel mehr oder weniger verschieden ist, bleibt die Gleichung 3 doch bestehen. Eine einfache mathematische Überlegung zeigt nämlich, daß der theoretische Axialdruck R'_o vom Eintrittswinkel α_1 der Laufschaufel ganz unab-

Zahlentafel 8. Leitapparat Nr. 2.

Versuchsreihe: Druck p_1 konstant, Temperatur t_1 konstant.

Spalt $S = 5$ mm — Schaufelsegment vorgeschaltet — Datum 1. März 1911

p_1	t_1	τ_1	p_2	G	R	R_{red}	w	λ
3,02	147	13	0,203	0,230	16,10	16,32		101
			0,302		15,90	16,12		88,7
			0,400		15,58	15,80		79,1
			0,499		15,09	15,30		70,9
			0,602		14,59	14,79		64,2
			0,707		14,12	14,30		58,6
			0,783		13,86	14,04		54,8
			0,879		13,44	13,62		50,4
			0,985		12,98	13,15		46,2
			1,13		12,29	12,45		40,7
			1,28		11,59	11,75		35,8
			1,49		10,72	10,86		29,7
			1,70		9,62	9,75		24,6
			1,90		8,50	8,61		19,9
			2,09		7,22	7,31		16,2
			2,28		5,86	5,94		12,4
			2,53		4,10	4,15		8,1

Spalt $S = 12$ mm — Schaufelsegment vorgeschaltet — Datum 4. März 1911

p_1	t_1	τ_1	p_2	G	R	R_{red}	w	λ
3,02	147	13	0,205	0,231	16,78	16,94		100,8
			0,307		16,33	16,47		88
			0,404		15,92	16,05		78,5
			0,521		15,49	15,62		69,3
			0,616		15,12	15,25		63,4
			0,721		14,66	14,79		57,8
			0,826		14,23	14,35		52,8
			0,933		13,78	13,90		48,2
			1,038		13,42	13,53		44,2
			1,15		12,67	12,78		40,2
			1,27		12,22	12,32		36,2
			1,39		11,56	11,75		32,6
			1,60		10,53	10,65		27,0
			1,80		9,40	9,48		22,2
			2,01		7,94	8,05		17,8
			2,26		6,12	6,17		12,9
			2,50		4,09	4,12		8,5

Freie Expansion — Datum 28. Februar 1911

p_1	t_1	τ_1	p_2	G	R	R_{red}	w	λ
3,04	148	14	0,184	0,233	16,97			105,8
			0,268		16,65			93,1
			0,360		16,28			83,2
			0,473		15,79			73,7
			0,583		15,39			66,2
			0,678		15,10			60,0
			0,790		14,58			55,3
			0,890		14,11			50,8
			0,990		13,54			46,9
			1,13		12,88			41,9
			1,29		12,08			36,4
			1,49		11,16			30,9
			1,69		10,09			25,8
			1,90		8,86			20,8
			2,07	0,2145	7,46			17,1
			2,28		5,92			12,9
			2,52	0,1660	3,97			8,7

hängig ist. Zeigt sich nun in Wirklichkeit eine Abweichung, so läßt sich dadurch die Größe des auftretenden Stoßverlustes feststellen. Letzterer ist also, falls stoßfreier Eintritt nicht vorhanden war, auch im Wert des Geschwindigkeitskoeffizienten ψ mit enthalten.

2. Versuchseinrichtung.
(Fig. 42).

Diese ist im wesentlichen ganz ähnlich der Einrichtung zur Durchführung der Versuche an den Leitvorrichtungen und weicht nur ab, soweit sie nachfolgend beschrieben wird.

W a g e. Der Hauptbestandteil ist auch hier wieder die Wage zur Bestimmung des Aktionsdruckes R' auf die Laufschaufel. Zu diesem Zweck wurde der Kopf der Leitvorrichtung weggenommen und an dessen Stelle eine Spannvorrichtung für Laufschaufelsegmente befestigt, wie aus Fig. 42 ersichtlich ist. Die Spannvorrichtung sitzt zentrisch am ehemaligen Düsenträger und schwingt parallel zur Ebene des Wagebalkens. Die Abstände b und c sind beliebig veränderlich; auch der Deckel der Leitvorrichtung ist verschiebbar und mit Langlöchern ausgestattet, damit bei beliebigem Spalt s eine zentrische Beaufschlagung des Schaufelsegmentes erfolgen kann. Der Spalt s selbst ist einstellbar durch Beilagscheiben und Distanzrohre.

Die Außenstopfbüchse für Frischdampf ist abgenommen; die Wägung erfolgte genau wie früher an der neu ausbalancierten Wage. Außerdem wurde wiederum Druck p_1 gemessen mittels des gleichen Manometers wie es bei der Bestimmung der Verluste in den Leitvorrichtungen benutzt wurde; durch ein Thermoelement wurde

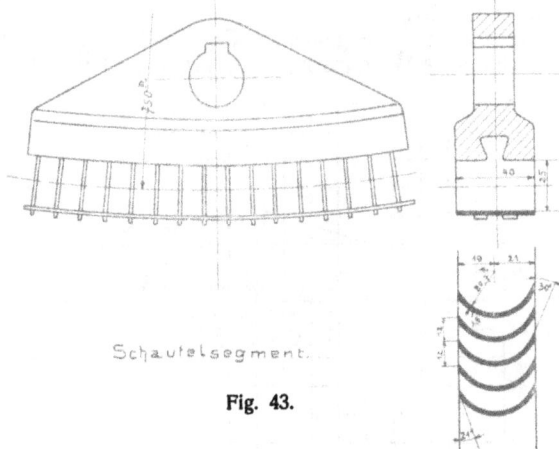

Fig. 42.

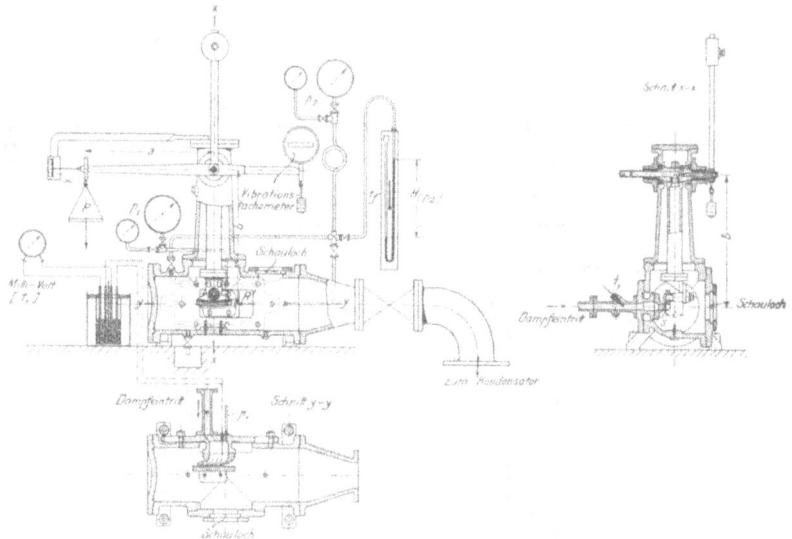

Fig. 43.

wieder die Anfangstemperatur t_1 des Dampfes vor Eintritt in die Leitvorrichtung gemessen. Der Gegendruck p_2 wurde ebenfalls mit den gleichen Instrumenten wie früher bestimmt und der Manometeranschluß war an demselben Orte. Ebenso wurde, wie bereits früher erwähnt, die Kondensatmessung zur Kontrolle der Versuchswerte immer wiederholt. Die Versuchsausführung wurde wie bei den früheren Versuchen gehandhabt, also $p_1 =$ konstant, $t_1 =$ konstant und p_2 variabel. Hierzu kommen noch Reihen mit veränderlichem Spalt s.

3. Versuchsergebnisse.

Die Auswertung erfolgte derart, daß zunächst auf graphischem Wege die zusammengehörigen Werte R' und R ermittelt wurden. Zu diesem Zwecke sind als Funktion des Gefälles λ entsprechend der verlustfreien, adiabatischen Expansion vom Anfangsdruck p_1 bis auf den Gegendruck p_2, die Werte R' und R aufgetragen, wobei R nach Versuchsanordnung (Fig. 38) und R' nach Versuchsanordnung (Fig. 42) bestimmt wurden.

Ebenso ist der Quotient $\dfrac{R'}{R}$ ermittelt und eingetragen. Der Laufschaufelkoeffizient ψ ergibt sich nun nach Gleichung 3 direkt, wobei α und β aus den konstruktiven Abmessungen des Schaufelsegmentes (Fig. 43) ermittelt sind. Bei dem vorliegenden Versuchsbeispiel (Zahlentafel 9 und Fig. 44 u. 45) gilt Gleichung 3 bis zum Wert $\lambda = \infty 32$ WE. Von hier ab wäre nun bei genauer Auswertung Gleichung 3a zu verwenden; es wurde aber, da $\omega = f\left(\dfrac{p_2}{p_1}\right)$ noch nicht genau genug bekannt ist, nach Gleichung 3 weiter gerechnet, wodurch dann Fehler bis ca. 15 % im absoluten Zahlenbetrag des Wertes ψ bei hohen Geschwindigkeiten (rd. 700 m) vorhanden sind.

Der so ermittelte Schaufelkoeffizient ψ ist nun in Abhängigkeit der wirklichen Eintrittsgeschwindigkeit w_1 in die Laufschaufel aufgetragen (Fig. 45). Der Verlauf der Kurve $\psi = f(w_1)$ ist ganz ähnlich der früher ermittelten Kurve $\varphi = f(w_0)$ und hat ebenfalls drei charakteristische Merkmale:

1. Den aufsteigenden Ast, wobei trotz höherer Geschwindigkeit w_1 aber gleichzeitig abnehmenden spez. Gewicht γ eine relative Abnahme der Geschwindigkeitsverluste bedingt ist.

2. Das ausgeprägte Maximum in der Nähe der sog. Schallgeschwindigkeit.

3. Der fallende Ast nach Überschreitung der Schallgeschwindigkeit, wobei dann in der turbulenten Strömung der Laufschaufel und durch die vielfach vorhandenen Hindernisse in der Strömung Schallschwingungen ausgelöst werden, welche dann einen ganz beträchtlichen Teil der Strömungsenergie aufzehren. Gleichzeitig enthält das vorliegende Versuchsbeispiel noch den Einfluß der Ablenkung der mittleren Strahlachse gegenüber der

geometrischen Achse der Leitvorrichtung, da bei Leitapparat Nr. 2 bei $\lambda = \infty$ 32 WE (vgl. Fig. 40) die sog. Spaltexpansion auftreten muß.

Der Einfluß der Winkelablenkung ω hat sich insbesondere schon bei den Kurven $R' = f(\lambda)$ bemerkbar gemacht, wobei von $\lambda = \infty$ 65 WE sogar eine Abnahme

sog. Schallgeschwindigkeit (für Dampf rd. 400 bis 500 m) den maximalen Wert, dessen Höhe vom spez. Gewicht des durchströmenden Dampfes und in der Hauptsache von der gewählten Schaufelform und den Abmessungen

Zahlentafel 9.
Leitapparat Nr. 2 und Schaufelsegment.
Versuchsreihe: Druck p_1 konstant; Sattdampf. Hierzu Zahlentafel 8.

Spalt $S = 2{,}1$ mm						Datum: 31. Januar 1911		Spalt $S = 4{,}1$ mm						Datum: 31. Januar 1911	
p_1	t	τ_1	p_2	G	R^1	$R^1{red}$	λ	p_1	t_1	τ_1	p_2	G	R^1	$R^1{red}$	λ
3,04	145	11	0,291	0,2340	22,95		90,2	3,03	145	11	0,292	0,2332	21,75		90,0
			0,436		23,26		76,2				0,432		22,75		76,5
			0,539		23,26		68,8				0,574		23,12		66,3
			0,694		22,68		59,5				0,719		22,85		58,1
			0,851		22,15		52,0				0,858		22,28		51,8
			0,964		21,48		47,3				0,986		21,46		46,5
			1,10		20,60		42,0				1,10		20,75		42,1
			1,20		19,90		38,6				1,23		19,96		38,6
			1,31		19,02		35,0				1,325		19,09		34,7
			1,43		18,21		31,6				1,42		18,30		31,9
			1,61		16,68		26,9				1,61		16,72		26,9
			1,82	—	14,68		21,9				1,81	—	14,68		22,1
			2,02	—	12,34		17,6				2,02	—	12,53		17,7
			2,30	—	8,81		12,0				2,28	—	9,30		12,4
											2,52	—	5,73		7,7

des gemessenen Aktionsdruckes auf die Schaufel eingetreten ist; gleichzeitig ergibt sich, daß bei geringerem Spalt ($s = 2{,}1$ mm) die vorstehende Abnahme wesentlich geringer ist, so daß also bei geringem Spalt die Laufschaufel mit größerer Reaktion arbeiten muß, um das zur Verfügung stehende Gefälle überhaupt auszunutzen.

(Höhe, Breite, Winkelung, Teilung, Oberflächenbeschaffenheit usf.) abhängig ist.

Damit steigen nun die Variationen für genaue Untersuchungen ins Ungemessene und ergeben sowieso nur relative Vergleiche für die Anwendung, da die Messungen ja an ruhenden Schaufeln vorgenommen wurden.

Mit besonderer Berücksichtigung dieser Umstände und insbesondere der noch fehlenden Grundlagen für die genaue Auswertung mußten die Versuche hier abgebrochen werden.

Bezüglich der allgemeinen Ergebnisse zeigt sich bis jetzt eine gute Übereinstimmung mit fast allen früheren

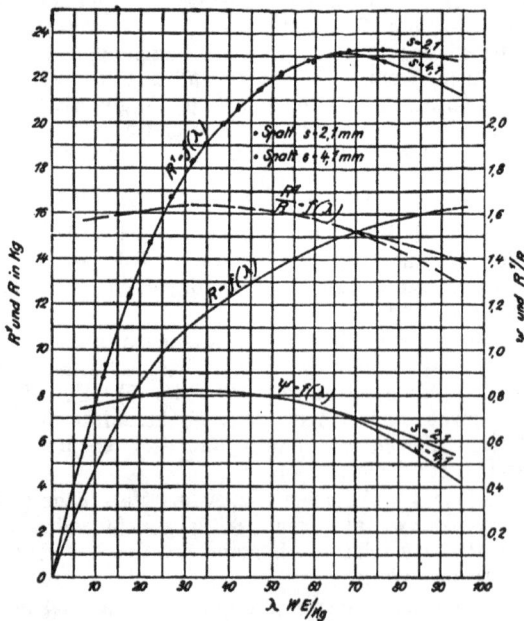

Fig. 44.

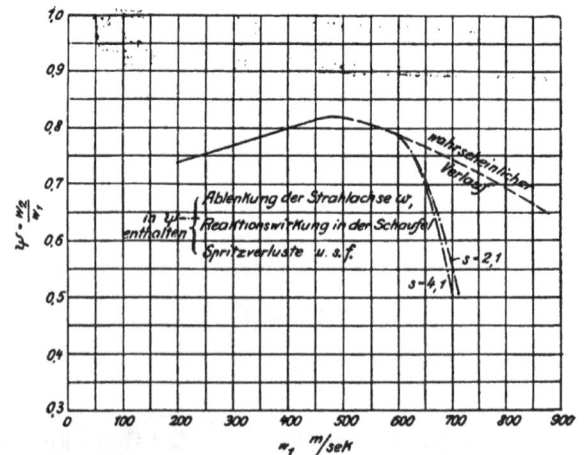

Fig. 45.

Ähnliche Verhältnisse wurden nun bei den verschiedensten Schaufelprofilen, die der Verfasser zu untersuchen Gelegenheit hatte, ermittelt und das Hauptergebnis ist folgendes:

Der Geschwindigkeitskoeffizient ψ erreicht in unmittelbarer Nähe der

Forschern, die teilweise ein Steigen (Brilling, Rateau), teilweise ein Fallen (Stodola, Banki usf.) des Geschwindigkeitskoeffizienten ψ bemerkt haben; andere wieder haben beträchtliche Unstetigkeiten festgestellt, was man rechnungsmäßig leicht feststellen kann, wenn man die stattfindenden Winkelablenkungen unberücksichtigt läßt und den gesamten Einfluß durch ψ allein ausdrückt (vgl. Fig. 45).

Die vorliegenden Forschungsergebnisse geben aber in ganz natürlicher und zwangloser Weise über alle diese scheinbaren Widersprüche eine Aufklärung nach einem deutlich erkennbaren allgemeinen Strömungsgesetz, was aus der Übereinstimmung der Ergebnisse der Untersuchungen an Leitvorrichtungen und Laufschaufeln hervorgeht.

III.

Die Bedeutung der sogenannten „kritischen Geschwindigkeit (Schallgeschwindigkeit)" für den Turbinenbau.

Betrachtet man die bisher gebauten Dampfturbinensysteme, gleichgültig ob Druck- oder Überdruckturbine bezüglich der verwendeten Dampfgeschwindigkeit bei Austritt aus der Leitvorrichtung, so ergibt sich ungefähr folgendes Bild:

a) Turbine ohne Geschwindigkeitsstufung.

	Leitrad: verwend. Ausflußgeschwindigkeit m/sec	Stufenzahl normal	Umfangsgeschwindigkeit m/sec
Rateau-, Zoelly- und Parsonsturbine . . .	200—450	10—150	40—180
im Gegensatz zur Laval- u. Riedler - Stumpf - Turbine . . .	800—1200	1—2	250—400

b) Turbine mit Geschwindigkeitsstufung.

Curtis-, Elektraturbine . . .	700—900	1—4	100—200

In den folgenden Ausführungen sei nun in erster Linie die Möglichkeit der maximalen Energieumsetzung einer Turbine ins Auge gefaßt, wobei also alle Turbinengattungen mit Geschwindigkeitsstufung ausscheiden. Man kommt dann zu dem merkwürdigen Ergebnis bezüglich der Grenzbereiche der gewählten Ausflußgeschwindigkeit aus der Leitvorrichtung, daß nur die Geschwindigkeitszahlen 200 bis 450 und rd. 800 bis 1200 auftreten, vollständig aber fehlt der Bereich von rd. 500 bis 700 m, und zwar nach Überschreitung der sog. „kritischen Geschwindigkeit" rd. 400 bis 500 m.

Diese Gegensätze sind nun aber durch das Wesen und durch die herrschende Auffassung des Begriffes der sog. „kritischen Geschwindigkeit" wohl begründet.

So geht Zeuner[18]) in seinen Untersuchungen unter Bezugnahme auf die bis dahin bekannten Forschungen von der Hypothese aus

„daß die Luft in den luftleeren Raum mit der dem Zustande der Luft in der Mündung entsprechenden Schallgeschwindigkeit

$$w_m = \sqrt{2\,g \cdot \frac{x}{x+1}\,p_1 v_1} = \sqrt{g\,x \cdot p_m \cdot v_m}$$

ausströmt, welche Widerstände hierbei auch beim Hinströmen nach der Mündung vorliegen mögen"

und bemerkt hieran anschließend,

„daß dieser Satz für gewisse technische Untersuchungen große Tragweite haben dürfte."

Diese Hypothese war nun fernerhin auch im Turbinenbau grundlegend etwa in der Fassung: man kann bei Verwendung von Mündungen (Leitapparaten mit konischen oder parallelen Wandungen) überhaupt keine größere als höchstens die Schallgeschwindigkeit erreichen, was aber gar bald bezweifelt werden konnte nach den Untersuchungen von Lewicki u. a.

Als weiteres bekanntes Mittel zur Erreichung beträchtlicher höherer Geschwindigkeiten als der sog. Schallgeschwindigkeit kommt lediglich eine Lavaldüse mit konischem Expansionsansatz in Betracht, was auch fernerhin feststehend bleibt.

Auf diesen obigen Grundlagen, die bedingungslos im Turbinenbau Aufnahme fanden, wurde von bekannten Forschern Stodola, Prandtl, Emden, Magin und Th. Meyer u. a. mehr weiter gebaut, und das Hauptinteresse wurde nun den eigenartigen Schwingungserscheinungen zugewandt, die bei Überschallgeschwindigkeit auftreten bei besonderen Bedingungen, nämlich Hindernissen in der Strömung des elastischen Mediums, wie sie in der vorausgegangenen Untersuchung auch mehrfach erwähnt wurden.

Für den Praktiker war nun in erster Linie der Wirkungsgrad der Energieumsetzung maßgebend, und man entschied sich daher in der Hauptsache für mäßige Dampfgeschwindigkeiten usw., weil auch nach der herrschenden Auffassung die Verluste mit geringen Geschwindigkeiten abnehmen sollten. Gleichzeitig wurde dabei natürlich auch die Aufzehrung eines Teiles der Strömungsenergie durch Schwingungserscheinungen gänzlich vermieden.

Die vorliegende Untersuchung hat nun aber erwiesen, daß gerade für Leitvorrichtungen alle Schwingungserscheinungen praktisch belanglos sind, weil bei diesem Strömungsvorgang fast keine Hindernisse vorhanden sind, solange man gute Ausführung und glatte Oberflächenbeschaffenheit als Bedingung macht.

Im folgenden sei noch ein sehr einfaches technisches Mittel aufgeführt, um obige Vorgänge noch weiter zu klären. Wie aus Fig. 2 ersichtlich, befindet sich auf dem schwingenden Gegenarm der Wage außer den beiden Manometern (p_1) noch ein Vibrationstachometer[19]), und es lassen sich nun damit durch mechanische Resonanz die Schwingungszahlen der periodischen Schwingungen in dem ausströmenden Dampfstrahl ermitteln.

Zunächst wurde festgestellt, daß die auftretenden Schwingungen tatsächlich von ausströmendem Dampf

---

[18]) Zeuner, Technische Thermodynamik I 1900, S. 242.

[19]) Dieses Instrument wurde dem Verfasser von der Firma Siemens & Halske gütigst zur Verfügung gestellt.

herrührten, was bei Stillstand aller anderen Maschinen des Laboratoriums möglich war. Auch wurde beobachtet, daß die Biegeschwingungen der Hebelarme der Wage die Anzeigen des Vibrationstachometers nicht beeinflußten.

Wohl wurde bei starkem Klopfen auf die einzelnen Hebelarme der Wage ein vorübergehendes Anzeigen des Tachometers an beliebigen Stellen erreicht, aber bald nach Abklingen der erregenden Ursache waren auch die Tachometerzungen wieder vollständig in Ruhe.

Die in Betracht kommende Schwingungsanzeige war aber dauernd nur beim Ausströmen von Dampf bei bestimmten Druckverhältnissen vor und hinter der Leitvorrichtung vorhanden, und die zu messenden Zahlen waren mit wechselndem Anfangs- und Gegendruck veränderlich. Es konnten nun folgende Ablesungen gemacht werden:

für Leitapparate
900—1000 Schwingungen pro Minute
entsprechend
15—17 Schwingungen pro Sekunde[20])
bei etwa
800—400 m Dampfgeschwindigkeit.

Leider war der Meßbereich des Vibrationstachometers schon bei 800 pro Minute zu Ende, so daß die bei höheren Geschwindigkeiten abnehmende Frequenz der Schallschwingungen nicht mehr ermittelt werden konnte.

Anderseits aber konnte bei allen Leitapparaten (Gußeisen mit eingegossenen Nickel-Stahl-Schaufeln) mit Sicherheit festgestellt werden, daß selbst bei einem Druckverhältnis $\frac{p_2}{p_1} > 0{,}577$, also bei mittleren Dampfgeschwindigkeiten rd. 350 bis 400 m, das Vibrationstachometer immer noch Schwingungen, wenn auch schwächer, anzeigte. Diese merkwürdige Erscheinung läßt sich nur dadurch erklären, daß gerade bei diesen Leitapparaten mit gekrümmter Achse infolge der ungleichen Druckverteilung an der hohlen Leitfläche bzw. dem Schaufelrücken (vgl. Stodola, Dampfturbinen, 1910, S. 95) auch ganz erhebliche Geschwindigkeitsunterschiede (bis 100 m und mehr) bestehen müssen, was ebenfalls durch die neuesten Untersuchungen bestätigt wird[21]).

Ferner ergibt sich hieraus, daß für das Auftreten von Schallschwingungen nicht die mittlere Geschwindigkeit des Strahles, sondern die maximale Geschwindigkeit maßgebend ist, welche über der Schallgeschwindigkeit des austretenden Mediums liegen muß.

Eine wichtige Feststellung für den praktischen Turbinenbau bei Anwendung von Leitapparaten mit parallelen Wänden ist aber die folgende: In der Nähe des kritischen Gefälles ist bekanntlich bei Expansion auf einen verhältnismäßig großen Bereich die Zunahme der Geschwindigkeit fast gleich der dabei stattfindenden Volumenvergrößerung, was ja auch deutlich aus der außerordentlich flach verlaufenden Kurve $\frac{d}{d_m} = f\left(\frac{p}{p_1}\right)$ Fig. 10 ersichtlich ist. Wählt man nun die Austrittsgeschwindigkeit aus Leitvorrichtung $c = 500$ bis 700 m, so erreicht man gleichzeitig alle nachfolgend aufgeführten Vorteile:

1. Der Geschwindigkeitskoeffizient φ nimmt an und für sich zu mit zunehmender Geschwindigkeit, ebenso der Koeffizient ψ der Laufschaufel bis in die Nähe der kritischen Geschwindigkeit.

2. Fehler durch Kontraktionserscheinungen des Strahles bei den gebräuchlichen Leitvorrichtungen mit gekrümmter Achse werden selbsttätig eliminiert, ebenso auch etwaige Fehler der Ausführung und durch Wärmedehnungen im Betriebe (Verziehen der Leitflächen).

3. Endlich ist selbst bei großen Überschreitungen von w_m (also bei Spaltexpansion, falls man diese überhaupt für zulässig erachtet) die Strahlablenkung verhältnismäßig gering, wie aus dem Verlauf der Kurve $v = f\left(\frac{p}{p_1}\right)$ (Fig. 32) zu entnehmen ist.

Das Eintreten in das „kritische Gefälle" ist also durchaus nicht „kritisch" im Sinne des „Unangenehmen oder Gefährlichen", welch letztere Anschauung bisher fast ausschließlich verbreitet war, sondern sehr vorteilhaft in praktischer und thermodynamischer Hinsicht.

Wie bereits erwähnt, ist auch durch diese Forschung ferner der Nachweis erbracht, daß selbst die Schwingungserscheinungen bei Überschallgeschwindigkeit bei richtigen Leitvorrichtungen vom Standpunkt des Wirkungsgrades aus praktisch ohne jede Bedeutung sind; ganz anders aber liegen die Verhältnisse bei den Laufschaufeln.

Die bis jetzt vorliegenden Versuche des Verfassers über Laufschaufeln von ganz beliebiger Ausführungsform (Profil- oder Blechschaufeln) haben in deutlicher Weise gezeigt, daß nur in unmittelbarer Nähe der Schallgeschwindigkeit (für Dampf ca. 400 bis 500 m/Sek.) die Höchstwerte des Geschwindigkeitskoeffizienten ψ der Laufschaufel erreicht werden können. Dieses Ergebnis ist nun nach den vorausgehenden Erklärungen keinesfalls überraschend.

Die Hauptaufgabe der Laufschaufel ist bekanntlich die Umwandlung der im Leitrad erzeugten Strömungsenergie in mechanische Arbeit, und eine zweite unbeabsichtigte, aber auch unvermeidliche Rolle spielt die Laufschaufel als sehr beträchtliches Hindernis in der Dampfströmung. Es sind also gerade auf die Laufschaufel alle Folgerungen und Schlüsse zu übertragen, welche sich aus den Arbeiten der Herren Emden, Prandtl, Magin, Stodola u. a. bei Überschreitung der Schallgeschwindigkeit in Leitvorrichtungen bei Hindernissen in der Strömung ergeben; hier kommen alle diese Wirkungen in natürlicher Weise zur Geltung, welche bei den Leitvorrichtungen künstlich verursacht wurden, und dann eine so große Verschiebung der Auffassung der Strömungsgrundlagen für den praktischen Turbinenbau mit all ihren Widersprüchen bedingt hat.

Die hauptsächlichsten Ursachen, welche die turbulente Strömung in der Laufschaufel bedingen, sind: der Stoß des Dampfes auf die Schaufelschneiden, eventuell auch auf den Schaufelrücken; Strahlkontraktion verbunden mit Ablösung von der Wandung und Wirbelung usf., dazu Oberflächenreibung und innere Reibung infolge der beträchtlichen Unterschiede der Strahlgeschwindigkeiten, und bei Überschallgeschwindigkeit wird nun ein ganz beträchtlicher Teil der Strömungsenergie durch Schallschwingungen aufgezehrt, weil ja genug Hindernisse in der Strömung vorhanden sind.

In Übereinstimmung mit allen früheren Forschungen allgemein und als besonderes Ergebnis der vorliegenden Untersuchung ergibt sich deshalb für die Anwendung im praktischen Turbinenbau die Regel, daß die mittlere, relative Eintrittsgeschwindigkeit der Laufschaufel größer als die Schallgeschwindigkeit nach Möglichkeit vermieden werden muß im Interesse der maximalen Energieausnutzung einer Turbine.

---

[20]) Die untere Hörgrenze wird also knapp erreicht; ein Ton wurde daher nicht wahrgenommen.
[21]) Stodola, Dampfturbinen 1910 S. 100—102.